高等数学 作业集

配同济版高等数学

主编　谢惠扬

副主编　王学顺　王小春

中国教育出版传媒集团

高等教育出版社·北京

内容提要

本作业集按照同济大学数学科学学院编写的《高等数学》教材章节顺序编排,配置不同类型、不同难度的作业题和综合练习题,方便教师布置、批改和收发作业,帮助学生扎实掌握高等数学的概念、理论和方法,提高独立思考和解决问题的能力。

本作业集适合高等学校各专业高等数学课程教学使用。

图书在版编目(ＣＩＰ)数据

高等数学作业集:配同济版高等数学/谢惠扬主编；王学顺,王小春副主编.--北京:高等教育出版社,2022.10

ISBN 978-7-04-059146-0

Ⅰ.①高… Ⅱ.①谢… ②王… ③王… Ⅲ.①高等数学-高等学校-习题集 Ⅳ.①O13-44

中国版本图书馆 CIP 数据核字(2022)第 142511 号

Gaodeng Shuxue Zuoyeji

| 策划编辑 | 于丽娜 | 责任编辑 | 于丽娜 | 封面设计 | 王凌波 | 版式设计 | 杨　树 |
| 责任绘图 | 李沛蓉 | 责任校对 | 高　歌 | 责任印制 | 刘思涵 | | |

出版发行	高等教育出版社		网　　址	http://www.hep.edu.cn
社　址	北京市西城区德外大街 4 号			http://www.hep.com.cn
邮政编码	100120		网上订购	http://www.hepmall.com.cn
印　刷	廊坊市文峰档案印务有限公司			http://www.hepmall.com
开　本	787mm×1092mm　1/16			http://www.hepmall.cn
印　张	21.5			
字　数	420 千字		版　　次	2022 年10月第 1 版
购书热线	010-58581118		印　　次	2022 年10月第 1 次印刷
咨询电话	400-810-0598		定　　价	38.90元

本书如有缺页、倒页、脱页等质量问题,请到所购图书销售部门联系调换
版权所有　侵权必究
物 料 号　59146-00

前　言

　　本作业集与同济大学数学科学学院编写的《高等数学》教材相配套。内容包括一元函数微分学、一元函数积分学、微分方程、向量代数与空间解析几何、多元函数微分学、多元函数积分学和无穷级数。

　　本作业集具有如下特点：

　　1. 与主教材编排顺序一致，每节设置基本练习题和提高题，每章配备综合练习题，并提供上、下册模拟试卷各两套。题型以填空题、选择题、计算题、证明题为主。

　　2. 题目配置由易到难，教师可以结合学生数学基础的差异性，灵活布置作业，从而通过一定数量、不同类型、不同难度的解题训练，帮助学生理解所学知识点，提升运算和思维能力，更好地掌握高等数学的内容。

　　3. 作业集采用活页装订，方便学生写作业，并可按照章节拿取和提交，便于教师收发和批改作业。

　　4. 作业集配套相应的参考答案或详细解答，可供选用作业集的教师参考。建议学生自己思考解答，以达到巩固知识、查漏补缺的目的。

　　本作业集第一章和上册模拟试卷由谢惠扬编写，第二章和第四章由李扉编写，第三章和下册模拟试卷由王小春编写，第五章和第六章由顾艳红编写，第七章由牛志蕾编写，第八章和第九章由罗宝华编写，第十章和第十一章由王学顺编写，第十二章由岳瑞锋编写。全书由谢惠扬教授统稿、王学顺教授和王小春教授审核。

　　在编写过程中，我们汲取了众多教材和参考书的精华，在此特向各位编者致谢！由于时间仓促加之编者水平所限，不足之处在所难免，恳请各位师生和读者不吝指正，以便不断改进和修正，编者不胜感激。

编者

2022 年 5 月

目 录

第一章　函数与极限

第一节　映射与函数

1. 填空题：

（1）函数 $f(x)=\dfrac{1}{1-x^2}+\sqrt{x+2}$ 的定义域为_____．

（2）若 $f(x)$ 的定义域是 $[0,1]$，则 $f(x^2+1)$ 的定义域是_____．

（3）设 $f(x)=ax+b$，则 $\varphi(x)=\dfrac{f(x+h)-f(x)}{h}=$ _____．

（4）若 $f(x)=\dfrac{1}{1-x}$，则 $f[f(x)]=$ _____，$f\{f[f(x)]\}=$ _____．

（5）函数 $y=\dfrac{e^x-e^{-x}}{2}$ 的反函数为_____．

（6）函数 $y=\sqrt{1-e^{-x}}$ 的定义域为_____，值域为_____，反函数为_____．

2. 选择题：

（1）下列结论正确的是（　　）．

A. $f(x)=\ln x^2$ 与 $g(x)=2\ln x$ 是同一函数

B. 设 $f(x)$ 为定义在 $[-a,a]$ 上的任意函数，则 $f(x)+f(-x)$ 必为偶函数，$f(x)-f(-x)$ 必为奇函数

C. 复合函数 $f[g(x)]$ 的定义域即为 $g(x)$ 的定义域

D. 任意的函数 $y=f(u)$ 及 $u=g(x)$ 必定可以复合成 y 为 x 的函数

（2）$f(x)=\sin(x^2-x)$ 是（　　）．

A. 有界函数　　　　　B. 周期函数　　　　　C. 奇函数　　　　　D. 偶函数

（3）设 $f(x)=4x^2+bx+5$，若 $f(x+1)-f(x)=8x+3$，则 $b=$（　　）．

A. 1　　　　　　　　B. -1　　　　　　　C. 2　　　　　　　　D. -2

（4）函数 $y=\sqrt{1-x}+\arccos\dfrac{x+1}{2}$ 的定义域是（　　）．

A. $x\leqslant 1$ 　　　　　　　　　　　　B. $-3\leqslant x\leqslant 1$

C. $-3<x<1$ 　　　　　　　　　　　　D. $-3\leqslant x<1$

（5）函数 $f(x) = \begin{cases} x-3, & -4 \leqslant x \leqslant 0 \\ x^2+1, & 0 < x \leqslant 3 \end{cases}$,的定义域是（　　）.

A. $-4 \leqslant x \leqslant 0$

B. $0 < x \leqslant 3$

C. $-4 < x < 3$

D. $-4 \leqslant x \leqslant 3$

（6）函数 $y = x\cos x + \sin x$ 是（　　）.

A. 偶函数

B. 奇函数

C. 非奇非偶函数

D. 既是奇函数，又是偶函数

（7）函数 $f(x) = 1 + \cos\dfrac{\pi}{2}x$ 的最小正周期是（　　）.

A. 2π

B. π

C. 4

D. $\dfrac{1}{2}$

（8）与 $f(x) = \sqrt{x^2}$ 相同的函数是（　　）.

A. x

B. $(\sqrt{x})^2$

C. $(\sqrt[3]{x})^3$

D. $|x|$

3. 设 $g(x-1) = 2x^2 - 3x - 1$.

（1）试确定 a, b, c 的值使 $g(x-1) = a(x-1)^2 + b(x-1) + c$；

（2）求 $g(x+1)$ 的表达式.

4. 设 $f(x) = x^2 + 1$，求 $f(x^2)$，$(f(x))^2$ 及 $f[f(x)]$.

5. 求 $f(x) = (1+x^2)\operatorname{sgn} x$ 的反函数 $f^{-1}(x)$.

6. 设 $f(x) = \dfrac{1}{\lg(3-x)} + \sqrt{49-x^2}$，求 $f(x)$ 的定义域及 $f[f(-7)]$.

7. 已知 $f[\varphi(x)] = 1+\cos x, \varphi(x) = \sin \dfrac{x}{2}$，求 $f(x)$.

8. 设 $f(x)$ 的定义域是 $[0,1]$，求下列函数的定义域：
(1) $f(e^x)$；(2) $f[\ln(x)]$；(3) $f(\arctan x)$；(4) $f(\cos x)$.

9. 设 $f(x) = \begin{cases} x^2, & x \leqslant 0, \\ x^2+x, & x > 0, \end{cases}$ 求 $f(-2), f(2), f(0), f(-x)$.

10. 设 $f(x) = \begin{cases} \dfrac{1}{x}, & x > 0, \\ x, & x \leqslant 0, \end{cases}$ $g(x) = x^2 + 1$. 求 $f^{-1}(x)$, $f[g(x)]$, $g[f(x)]$.

11. 设 $f(x) = \begin{cases} 1, & x > 1, \\ x, & |x| \leqslant 1, \\ -1, & x < -1, \end{cases}$ 求 $f(e^{-x})$.

12. 设 $f(x)$ 满足 $2f(x) + f(1-x) = x^2$, 求 $f(x)$.

13. 有一半径为 R 的圆形铁皮, 自圆心处剪去中心角为 α 的扇形后围成一无底圆锥. 试将该圆锥的体积表示为 α 的函数.

14. 设 $f[g(x)]$ 由 $y=f(u)$, $u=g(x)$ 复合而成, 证明:

(1) 若 $g(x)$ 是偶函数, 则 $f[g(x)]$ 是偶函数;

(2) 若 $f(x)$ 单调增加, $g(x)$ 单调减少, 则 $f[g(x)]$ 单调减少.

第二节　数列的极限

1. 填空题：

（1）数列 $\{x_n\}$ 有界是数列 $\{x_n\}$ 收敛的_____条件.

（2）$\lim\limits_{n\to\infty}\dfrac{n-1}{n+1}=1$，当 n 从_____开始，有 $\left|\dfrac{n-1}{n+1}-1\right|<10^{-6}$.

（3）$\lim\limits_{n\to\infty}\left(5+\dfrac{(-1)^n}{n+1}\right)=$_____.

（4）$\lim\limits_{n\to\infty}\dfrac{\cos n\pi}{n}=$_____.

2. 选择题：

（1）若数列 $\{x_n\}$ 有极限 a，则在 a 的 ε 邻域之外，数列中的项（　　）.

A. 必不存在　　　　　　　　B. 至多只有有限多个

C. 必定有无穷多个　　　　　D. 可以有有限个，也可以有无限多个

（2）若数列 $\{x_n\}$ 在 $(a-\varepsilon,a+\varepsilon)$ 邻域内有无穷多个数列的点，则（　　）（其中 ε 为某一取定的正数）.

A. 数列 $\{x_n\}$ 必有极限，但不一定等于 a

B. 数列 $\{x_n\}$ 极限存在且一定等于 a

C. 数列 $\{x_n\}$ 的极限不一定存在

D. 数列 $\{x_n\}$ 一定不存在极限

（3）"对任意给定的 $\varepsilon\in(0,1)$，总存在正整数 N，当 $n\geq N$ 时，恒有 $|x_n-a|<2\varepsilon$" 是数列 $\{x_n\}$ 收敛于 a 的（　　）.

A. 充分但非必要条件　　　　B. 必要但非充分条件

C. 既非充分也非必要条件　　D. 充分必要条件

（4）若 $x_n=\begin{cases}\dfrac{1}{n^2}, & n\ 为奇数，\\ 10^{-9}, & n\ 为偶数，\end{cases}$ 则下列正确的是（　　）.

A. $\lim\limits_{n\to\infty}x_n=0$　　　　　　B. $\lim\limits_{n\to\infty}x_n=10^{-9}$

C. $\lim\limits_{n\to\infty} x_n$ 不存在

D. $\lim\limits_{n\to\infty} x_n = \begin{cases} 0, & n \text{ 为奇数}, \\ 10^{-9}, & n \text{ 为偶数}. \end{cases}$

3. 根据数列极限的定义证明：

（1）$\lim\limits_{n\to\infty} \dfrac{5n+2}{2n+1} = \dfrac{5}{2}$；

（2）$\lim\limits_{n\to\infty} \dfrac{\sqrt{n^2+4}}{n} = 1$.

第三节　函数的极限

1. 填空题：

（1）设 $f(x) = \begin{cases} e^x, & x \leqslant 0, \\ ax+b, & x>0, \end{cases}$ 则 $f(0^+) = $ _____，$f(0^-) = $ _____；当 $b = $ _____时，$\lim\limits_{x \to 0} f(x) = 1$.

（2）$f(x)$ 当 $x \to x_0$ 时的右极限 $f(x_0^+)$ 和左极限 $f(x_0^-)$ 都存在且相等是 $\lim\limits_{x \to x_0} f(x)$ 存在的_____条件.

（3）$f(x)$ 在 x_0 的某一去心邻域内有界是 $\lim\limits_{x \to x_0} f(x)$ 存在的_____条件.

（4）若 $f(x) > 0$，且 $\lim\limits_{x \to x_0} f(x) = A$，则 A _____ 0.（$\geqslant$，$>$）

2. 选择题：

（1）若 $\lim\limits_{x \to x_0} f(x) = a$，则（　　　）.

A. $f(x)$ 在 x_0 的函数值必存在且等于 a

B. $f(x)$ 在 x_0 的函数值必存在但不一定等于 a

C. $f(x)$ 在 x_0 的函数值可以不存在

D. 若 $f(x)$ 在 x_0 的函数值存在，则 $f(x_0) = a$

（2）$\lim\limits_{x \to 0} \dfrac{|x|}{x} = ($　　　$)$.

A. 1　　　　　　　　B. -1　　　　　　　C. 0　　　　　　　D. 不存在

（3）由 $\lim\limits_{x \to x_0} f(x) = a$ 不能推出（　　　）.

A. $\lim\limits_{x \to x_0^-} f(x) = a$　　　　　　　　　B. $f(x_0^+) = a$

C. $\lim\limits_{x \to x_0} [f(x) - a] = 0$　　　　　　　　D. $f(x_0) = a$

（4）设 $f(x) = \begin{cases} x+2, & x \leqslant 0, \\ e^{-x}+1, & 0<x \leqslant 1, \\ x^3, & x>1, \end{cases}$ 则 $\lim\limits_{x \to 0} f(x) = ($　　　$)$.

A. 0　　　　　　　　B. 1　　　　　　　　C. 2　　　　　　　D. 不存在

3. 根据函数极限的定义证明:

（1） $\lim\limits_{x \to 3}(3x-1)=8$；

（2） $\lim\limits_{x \to \infty}\dfrac{1+x^3}{2x^3}=\dfrac{1}{2}$.

4. 求 $f(x)=\dfrac{x}{x}$，$\varphi(x)=\dfrac{|x|}{x}$ 当 $x \to 0$ 时的左、右极限，并说明它们在 $x \to 0$ 时的极限是否存在？

5. 证明 $\lim\limits_{x \to 0}\sin\dfrac{1}{x}$ 不存在.

第四节　无穷小与无穷大

1. 填空题:

（1）设 $y = \dfrac{1}{x+2}$，当 $x \to$ _____ 时，y 是无穷小量；当 $x \to$ _____ 时，y 是无穷大量.

（2）在自变量的同一变化过程中，若 $f(x)$ 为无穷大，则 $\dfrac{1}{f(x)}$ 为 _____.

（3）$f(x)$ 在 x_0 的某一去心邻域内无界是 $\lim\limits_{x \to x_0} f(x) = \infty$ 的 _____ 条件.

（4）$\lim\limits_{x \to x_0} f(x) = A$，当且仅当 $|f(x) - A|$ 是 _____.

2. 选择题:

（1）下列正确的是（　　　）.

A. 无穷多个无穷小的和为无穷小　　　　　B. 无界变量一定是无穷大

C. 无穷大必为无界变量　　　　　　　　　D. 两个无穷小的商为无穷小

（2）当 $x \to 0$ 时，变量 $\dfrac{1}{x}\sin\dfrac{1}{x}$ 是（　　　）.

A. 无穷小量　　　　　　　　　　　　　　B. 无穷大量

C. 有界但非无穷小量　　　　　　　　　　D. 无界但非无穷大量

（3）当 $x \to 1$ 时，函数 $e^{\frac{1}{x-1}}$ 的极限是（　　　）.

A. 0　　　　　　　　　　　　　　　　　B. $-\infty$

C. $+\infty$　　　　　　　　　　　　　　D. 不存在

（4）当 $n \to \infty$ 时，下列数列中（　　　）为无穷大.

A. $x_n = 3^n \sin n\pi$　　　　　　　　　B. $x_n = 3^n \cos n\pi$

C. $x_n = \dfrac{2^n}{3^n}$　　　　　　　　　　D. $x_n = \dfrac{(n+1)(n+2)}{(n+3)(n+4)}$

3. 证明下列极限:

(1) $\lim\limits_{x\to\infty} \dfrac{\sin x}{x} = 0$;

(2) $\lim\limits_{x\to 0} \dfrac{3x+1}{x} = \infty$.

4. 问函数 $y = x\cos x$ 在 $(-\infty, +\infty)$ 内是否有界,该函数当 $x \to +\infty$ 时是不是无穷大? 为什么?

5. 证明: $\lim\limits_{x\to 0} \dfrac{2-x}{1-e^{\frac{1}{x}}}$ 不存在.

第五节　极限运算法则

1. 填空题：

（1）$\lim\limits_{n\to\infty}\left(\sqrt{n(n+2)}-\sqrt{n^2+1}\right)=$ _____ .

（2）$\lim\limits_{n\to\infty}\dfrac{1+2+3+\cdots+(n-1)}{n^2}=$ _____ .

（3）$\lim\limits_{x\to0}\dfrac{(1+x)(1+2x)(1+3x)+a}{x}=6,a=$ _____ .

（4）$\lim\limits_{x\to\infty}\dfrac{(x+1)^2(3x-1)^3}{x^4(x+2)}=$ _____ .

2. 选择题：

（1）设数列 $\{x_n\}$ 收敛，$\{y_n\}$ 发散，则下列结论正确的是（　　）.

A. $\{x_n+y_n\}$ 必收敛　　　　　　　B. $\{x_n+y_n\}$ 必发散

C. $\{x_ny_n\}$ 必收敛　　　　　　　　D. $\{x_ny_n\}$ 必发散

（2）若 $\lim\limits_{x\to x_0}f(x)=0$，则下列结论正确的是（　　）.

A. 当 $g(x)$ 为任意函数时，有 $\lim\limits_{x\to x_0}f(x)g(x)=0$

B. 仅当 $\lim\limits_{x\to x_0}g(x)=0$ 时，才有 $\lim\limits_{x\to x_0}f(x)g(x)=0$

C. 当 $g(x)$ 为有界函数时，有 $\lim\limits_{x\to x_0}f(x)g(x)=0$

D. 仅当 $g(x)$ 为常数时，才能使 $\lim\limits_{x\to x_0}f(x)g(x)=0$ 成立

（3）下列结论正确的是（　　）.

A. 若 $\lim\limits_{n\to\infty}(u_nv_n)=0$，且数列 $\{u_n\}$ 有界，则 $\lim\limits_{n\to\infty}v_n=0$

B. $\lim\limits_{x\to1}\dfrac{x}{1-x}=\dfrac{\lim\limits_{x\to1}x}{\lim\limits_{x\to1}(1-x)}=\dfrac{1}{0}=\infty$

C. $\lim\limits_{x\to0}x\sin\dfrac{1}{x}=\lim\limits_{x\to0}x\,\lim\limits_{x\to0}\sin\dfrac{1}{x}=0$

D. 若 $\lim\limits_{x\to x_0}\dfrac{f(x)}{g(x)}$ 存在，且 $\lim\limits_{x\to x_0}g(x)=0$，则 $\lim\limits_{x\to x_0}f(x)=0$

（4）下列结论正确的是（　　　）.

A. 若数列 $\{x_n\}$ 和 $\{y_n\}$ 都发散，则数列 $\{x_n+y_n\}$ 也发散

B. 在数列 $\{a_n\}$ 中任意去掉或增加有限项，影响 $\{a_n\}$ 的敛散性

C. 发散数列必定无界

D. 若从数列中可选出一个发散的子数列，则该数列必发散

3. 计算下列极限：

（1）$\lim\limits_{x\to-1}\dfrac{3x+1}{x^2+1}$；

（2）$\lim\limits_{x\to1}\dfrac{x^2-2x+1}{x^2-1}$；

（3）$\lim\limits_{x\to\infty}\dfrac{2x^2+x+1}{3x^2+1}$；

（4）$\lim\limits_{x\to\infty}\dfrac{\sqrt{2}\,x}{1+x^2}$；

（5）$\lim\limits_{x\to 2}\dfrac{x^3+2x^2}{(x-2)^2}$；

（6）$\lim\limits_{x\to 1}\left(\dfrac{1}{1-x}-\dfrac{3}{1-x^3}\right)$；

（7）$\lim\limits_{x\to +\infty}x\left(\sqrt{1+x^2}-x\right)$；

（8）$\lim\limits_{x\to \infty}\dfrac{(3x-1)^{25}(2x-1)^{20}}{(2x+1)^{45}}$；

（9）$\lim\limits_{x\to \infty}\dfrac{x-\sin x}{x+\cos x}$；

（10）$\lim\limits_{n \to \infty}(\sqrt{n+5\sqrt{n}}-\sqrt{n-3\sqrt{n}})$；

（11）$\lim\limits_{x \to 1}\dfrac{x^2-1}{\sqrt{3-x}-\sqrt{1+x}}$.

4. 证明$\lim\limits_{x \to 0}\left(\dfrac{2+e^{\frac{1}{x}}}{1+e^{\frac{1}{x}}}+\dfrac{\sin x}{|x|}\right)$不存在.

5. 若$\lim\limits_{x \to \infty}\left(\dfrac{x^2+1}{x+1}-ax-b\right)=0$，求$a,b$的值.

6. 若$\lim\limits_{x \to +\infty}(\sqrt{x^2-x+1}-ax+b)=0$，求$a,b$的值.

第六节　极限存在准则　两个重要极限

1. 填空题：

（1）$\lim\limits_{n\to\infty}\dfrac{\sin n}{n}=$ ＿＿＿＿＿＿＿＿.

（2）$\lim\limits_{x\to 1}\dfrac{\arcsin(2x-2)}{k(x-1)}=\dfrac{1}{3}$，则 $k=$ ＿＿＿＿＿＿＿＿.

（3）$\lim\limits_{x\to\infty}\left(\dfrac{x+a}{x-a}\right)^{x}=9$，则 $a=$ ＿＿＿＿＿＿＿＿.

（4）$\lim\limits_{x\to 3}\left(\dfrac{1}{x-2}\right)^{\frac{1}{x-3}}=$ ＿＿＿＿＿＿＿＿.

2. 选择题：

（1）$\lim\limits_{x\to 0}\left(x\sin\dfrac{1}{2x}-\dfrac{1}{x}\sin 2x\right)=$（　　　　）.

A. -2　　　　　　　B. 2　　　　　　　C. 0　　　　　　　D. $-\infty$

（2）$\lim\limits_{n\to\infty}\left(1-\dfrac{k}{n}\right)^{\frac{2n}{k}}=$（　　　　）.

A. e^{2}　　　　　　　B. 1　　　　　　　C. e^{-2}　　　　　　　D. ∞

（3）$\lim\limits_{x\to 1}\dfrac{\sin(x^{2}-1)}{x-1}=$（　　　　）.

A. 2　　　　　　　B. 0　　　　　　　C. 1　　　　　　　D. $\dfrac{1}{2}$

（4）下面说法正确的是（　　　　）.

A. 若数列单调上升且有下界，则数列必收敛

B. 数列收敛的充分必要条件是数列为单调有界

C. $\lim\limits_{x\to\infty}\dfrac{\sin x}{x}=1$

D. 若 $\lim\limits_{n\to\infty}y_{n}=\lim\limits_{n\to\infty}z_{n}=a$，且 $n\leqslant 100$ 时，$x_{n}\leqslant y_{n}\leqslant z_{n}$，$n>100$ 时，$y_{n}\leqslant x_{n}\leqslant z_{n}$，则 $\lim\limits_{n\to\infty}x_{n}=a$

3. 计算下列极限：

（1）$\lim\limits_{x \to 0} \dfrac{\sin x + 3x}{\tan x + 2x}$；

（2）$\lim\limits_{x \to \infty} \left(1 - \dfrac{1}{x}\right)^{kx}$（$k$ 为正整数）；

（3）$\lim\limits_{x \to 0} \dfrac{\sec x - 1}{x^2}$；

（4）$\lim\limits_{x \to \infty} \left(\dfrac{2x + 3}{2x + 1}\right)^{x+1}$；

（5）$\lim\limits_{n \to \infty} 2^n \sin \dfrac{x}{2^n}$；

（6）$\lim\limits_{x\to 0}\left(x\sin\dfrac{1}{x}+\dfrac{1}{x}\sin x\right)$；

（7）$\lim\limits_{x\to 0^+}\left(\cos x\right)^{\frac{1}{\sin x}}$；

（8）$\lim\limits_{x\to 0}\left(1+\tan x\right)^{\frac{1}{\sin x}}$；

（9）$\lim\limits_{x\to 0}\left(1-2x\right)^{\frac{5+x}{x}}$；

（10）$\lim\limits_{x\to +\infty}\left(3^x+9^x\right)^{\frac{1}{x}}$.

4. 利用极限存在准则证明下列各题：

（1）$\lim\limits_{n \to \infty} \dfrac{n!}{n^n} = 0$；

（2）$\lim\limits_{n \to \infty} n \left(\dfrac{1}{n^2 + \pi} + \dfrac{1}{n^2 + 2\pi} + \cdots + \dfrac{1}{n^2 + n\pi} \right) = 1$；

（3）设 $a_1 = 2$，$a_{n+1} = \dfrac{1}{2} \left(a_n + \dfrac{2}{a_n} \right)$（$n = 1, 2, 3, \cdots$），则 $\lim\limits_{n \to \infty} a_n = \sqrt{2}$.

第七节　无穷小的比较

1. 填空题：

（1）当 $x \to 0$ 时，$1-\cos(\sin x)$ 的等价无穷小是_____．

（2）当 $x \to 0$ 时，$x^2+\sin x$ 是 x 的_____阶无穷小．

（3）设 $\lim\limits_{x \to 0} \dfrac{f(x)-f(0)}{x}=2$，则当 $x \to 0$ 时，$f(x)-f(0)$ 是 x 的_____阶无穷小．

（4）当 $x \to \infty$ 时，无穷小 $\dfrac{1}{x^k}$ 与 $\dfrac{1}{x^3}+\dfrac{1}{x^2}$ 等价，则 $k=$_____．

2. 选择题：

（1）设 $f(x)=2^x+3^x-2$，则当 $x \to 0$ 时（　　）．

A. $f(x)$ 与 x 是等价无穷小　　　　　B. $f(x)$ 与 x 同阶但非等价无穷小

C. $f(x)$ 是比 x 高阶的无穷小　　　　D. $f(x)$ 是比 x 低阶的无穷小

（2）当 $x \to 0$ 时，下列函数哪一个是其他三个的高阶无穷小（　　）．

A. x^2　　　　　　B. $1-\cos x$　　　　C. $\tan x-\sin x$　　　　D. $\ln(1+x)$

（3）当 $x \to 0$ 时，与 $\sqrt{1+x^2}-1$ 等价的无穷小是（　　）．

A. x　　　　　　B. x^2　　　　　　C. $2x^2$　　　　　D. $\dfrac{1}{2}x^2$

（4）两个无穷小 α 与 β 之积 $\alpha\beta$ 仍是无穷小，且与 α 或 β 相比（　　）．

A. 是高阶无穷小　　　　　　　　　B. 是同阶无穷小

C. 可能是高阶，也可能是同阶无穷小　　D. 与阶数较高的那个同阶

3. 利用等价无穷小性质求下列极限.

（1）$\lim\limits_{x \to 0} \dfrac{\tan 3x}{2x}$；

（2）$\lim\limits_{x\to 0}\dfrac{\tan x-\sin x}{\sin^3 x}$;

（3）$\lim\limits_{x\to 0}\dfrac{\sqrt{1+x\sin x}-\sqrt{\cos x}}{x^2}$;

（4）$\lim\limits_{x\to 0}\dfrac{\sin x^n}{(\sin x)^m}$;

（5）$\lim\limits_{x\to 0}\dfrac{\tan\left(x^2\sin\dfrac{1}{x}\right)}{x}$;

（6）$\lim\limits_{x\to +\infty}\dfrac{x^2\sin\dfrac{1}{x}}{\sqrt{2x^2-1}}$;

（7）$\lim\limits_{x\to\infty}x(\mathrm{e}^{\frac{1}{x}}-1)$；

（8）$\lim\limits_{x\to0}\dfrac{5x+\sin^2x-2x^3}{\tan x+4x^2}$；

（9）$\lim\limits_{x\to0}\dfrac{1-\cos2x}{x\sin x}$；

（10）$\lim\limits_{x\to0}\dfrac{\ln(1+\sin^2x)}{(1+\cos x)\tan^2x}$；

（11）$\lim\limits_{x\to1}\dfrac{\arctan(x-1)}{x^2+x-2}$；

（12） $\lim\limits_{x\to\infty} x\left(\sqrt{1+\sin\dfrac{2}{x}}-1\right)$ ；

（13） $\lim\limits_{n\to\infty}\left(\dfrac{\sqrt{n^2+a^2}}{n}+\dfrac{\arctan n}{n}+n\cdot\tan\dfrac{3}{n}\right)$ ；

（14） $\lim\limits_{x\to 0^-} \mathrm{e}^{\frac{1}{x}}\left(\sin\dfrac{3}{x^2}+\dfrac{\arcsin 2x}{x}\mathrm{e}^{-\frac{1}{x}}\right)$ ；

（15）设 $\lim\limits_{x\to 0}\dfrac{\ln\left[1+\dfrac{f(x)}{\tan 2x}\right]}{5^x-1}=3$ ，求 $\lim\limits_{x\to 0}\dfrac{f(x)}{x^2}$.

第八节　函数的连续性与间断点

1. 填空题：

（1）$x=0$ 是函数 $\dfrac{\sin x}{|x|}$ 的第_____类_____间断点.

（2）$x=0$ 是函数 $\mathrm{e}^{x+\frac{1}{x}}$ 的第_____类_____间断点.

（3）设 $f(x)=\dfrac{1}{x}\ln(1-x)$，若定义 $f(0)=$ _____，则 $f(x)$ 在 $x=0$ 处连续.

（4）若函数 $f(x)=\begin{cases}\dfrac{\tan ax}{x}, & x\neq 0 \\ 2, & x=0\end{cases}$ 在 $x=0$ 连续，则 a 必等于_____.

2. 选择题：

（1）下列结论正确的是（　　　）.

A. 若 $|f(x)|$ 在 x_0 连续，则 $f(x)$ 在 x_0 必连续

B. 若 $f(x)$ 在 x_0 连续，$g(x)$ 在 x_0 不连续，则 $f(x)+g(x)$ 在 x_0 必不连续

C. 若 $f(x)$ 与 $g(x)$ 在点 x_0 均不连续，则 $f(x)\cdot g(x)$ 在 x_0 必不连续

D. 若 $f(x)$ 在 (a,b) 内连续，则 $f(x)$ 在 (a,b) 必有界

（2）$x=0$ 是 $y=\mathrm{e}^{-\frac{1}{x^2}}$ 的（　　　）.

A. 连续点　　　　　　　　　　　　B. 可去间断点

C. 第一类间断点、但不是可去间断点　　D. 第二类间断点

（3）设 $f(x)=\dfrac{x^2-x}{|x|(x^2-1)}$，则下列结论错误的是（　　　）.

A. $x=-1,x=0,x=1$ 是 $f(x)$ 的间断点　　B. $x=-1$ 是无穷间断点

C. $x=0$ 是可去间断点　　　　　　　　　D. $x=1$ 是第一类间断点

（4）函数 $f(x)=\dfrac{x-3}{x^3-2x^2-3x}$ 的间断点为（　　　）.

A. $x=0,x=1$　　　　　　　　　　B. $x=0,x=-1,x=3$

C. $x=-1,x=3$　　　　　　　　　　D. $x=0,x=3$

3. 判断 $f(x) = \begin{cases} x^2, & 0 \leqslant x \leqslant 1, \\ 2-x, & 1 < x \leqslant 2 \end{cases}$ 在 $x=1$ 的连续性,并画出该函数的图形.

4. 要使 $f(x) = \begin{cases} \dfrac{1}{x}\sin x, & x < 0, \\ a, & x = 0, \\ x\sin\dfrac{1}{x} + b, & x > 0 \end{cases}$ 在 $x=0$ 连续,常数 a,b 应取什么数值?

5. 设 $a > 0, f(x) = \begin{cases} \dfrac{2\cos x - 1}{1+x}, & x \geqslant 0, \\ \dfrac{\sqrt{a} - \sqrt{a-x}}{x}, & x < 0 \end{cases}$ 在点 $x=0$ 处连续,求 a 的值.

6. 设 $f(x) = \begin{cases} \dfrac{e^{\frac{1}{x}} - 1}{e^{\frac{1}{x}} + 1}, & x \neq 0, \\ 1, & x = 0, \end{cases}$ 试讨论 $f(x)$ 在 $x=0$ 的连续性,若不连续,指出间断点的类型.

第九节   连续函数的运算与初等函数的连续性

1. 填空题：

（1）$f(x)=\begin{cases} \mathrm{e}^{\frac{-1}{x^2}}, & x\neq 0 \\ a, & x=0 \end{cases}$，$\lim\limits_{x\to 0}f(x)=$ _____；若 $f(x)$ 无间断点，则 $a=$ _____.

（2）$f(x)=\dfrac{x^3+3x^2-x-3}{x^2+x-6}$ 的连续区间为 _____.

（3）$f(x)=\begin{cases} 1, & x\leqslant -1, \\ x+2, & -1<x\leqslant 0, \\ x\sin\dfrac{2}{x}, & x>0 \end{cases}$ 的连续区间为 _____.

（4）设 $f(x)=\begin{cases} \dfrac{\sin 2x+\mathrm{e}^{2ax}-1}{x}, & x\neq 0 \\ a, & x=0 \end{cases}$ 在 $(-\infty,+\infty)$ 上连续，则 $a=$ _____.

2. 选择题：

（1）设 $f(x)=\begin{cases} \dfrac{1}{x}\sin \pi x, & x\neq 0, \\ a, & x=0 \end{cases}$ 在 $(-\infty,+\infty)$ 内为连续函数，则（   ）.

A. $a=\pi$ B. $a=-\pi$ C. $a=\dfrac{1}{\pi}$ D. $a=-\dfrac{1}{\pi}$

（2）$y=\arccos\sqrt{\ln(x^2-1)}$，则它的连续区间为（   ）.

A. $|x|>1$ B. $|x|>\sqrt{2}$

C. $[-\sqrt{\mathrm{e}+1},-\sqrt{2}]\cup[\sqrt{2},\sqrt{\mathrm{e}+1}]$ D. $(-\infty,+\infty)$

（3）设 $f(x)$ 的连续区间为 $[0,1]$，则 $f[\ln(x+1)]$ 的连续区间为（   ）.

A. $[0,1]$ B. $[0,\mathrm{e}-1]$ C. $[1,\mathrm{e}]$ D. $[\mathrm{e}^{-1},\mathrm{e}]$

（4）函数 $f(x)=\begin{cases} 1, & x\leqslant -1, \\ 2+x, & -1<x\leqslant 0, \\ x\sin\dfrac{2}{x}, & x>0 \end{cases}$ 的连续区间是（   ）.

A. $(-\infty, +\infty)$ B. $(-\infty, -1) \cup (-1, +\infty)$

C. $(-\infty, 0) \cup (0, +\infty)$ D. $(-\infty, -1) \cup (-1, 0) \cup (0, +\infty)$

3. 求下列极限：

（1）$\lim\limits_{x \to 0} \sqrt{x^2 - 2x + 5}$ ；

（2）$\lim\limits_{x \to \frac{\pi}{3}} \ln(2\cos x)$ ；

（3）$\lim\limits_{x \to \infty} e^{\frac{1}{x}}$ ；

（4）$\lim\limits_{x \to 0} (1 + 3\tan^2 x)^{\cot^2 x}$ ；

（5）$\lim\limits_{x \to \infty} \arcsin(\sqrt{x^2 + x} - x)$.

4. 设函数 $f(x) = \begin{cases} 2\cos x, & x \leq 0, \\ ax^2+b, & x>0, \end{cases}$ 问应当怎样选择常数 a,b,才能使得 $f(x)$ 成为

$(-\infty,+\infty)$ 内的连续函数.

5. 求函数 $f(x) = \dfrac{1}{1-\ln x^2}$ 的连续区间.

第十节 闭区间上连续函数的性质

1. 填空题：

（1）$\arctan x$ 在 $[0,+\infty)$ 的最大值为_____，最小值为_____.

（2）已知函数 $f(x)$ 在 $[a,b]$ 上连续，且 $f(a)f(b)\leqslant 0$，则必存在一点 $\xi\in$ _____，使得 $f(\xi)=0$.

（3）已知函数 $f(x)$ 在 $[a,b]$ 上连续，无零点，但有使 $f(x)$ 取正值的点，则 $f(x)$ 在 $[a,b]$ 上的符号_____.

（4）设 $f(x)$ 在 $[a,b]$ 上连续，$f(a)\cdot f(b)<0$，$a<x_1<x_2<x_3<x_4<x_5<x_6<b$，且 $f(x_1)=f(x_3)=f(x_6)=1$，$f(x_2)=f(x_4)=0$，$f(x_5)=-1$，则 $f(x)$ 在 (a,b) 内至少有_____个零点.

2. 选择题：

（1）设 $f(x)$ 在 (a,b) 内连续，则 $f(x)$ 在 (a,b) 内（　　）.

A. 有界   B. 无界

C. 存在最大值和最小值 D. 不一定有界

（2）$f(x)$ 在 $[a,b]$ 上连续，且无零点，则 $f(x)$ 在 $[a,b]$ 上（　　）.

A. 恒为正   B. 恒为负

C. 恒为正或恒为负   D. 部分为正部分为负

（3）方程 $x^3+x^2+x-2=0$ 在 $(-1,1)$ 内（　　）.

A. 只有一个实根   B. 有两个实根

C. 无实根   D. 至少有一个实根

（4）$f(x)$ 在 (a,b) 内单调，则 $f(x)$ 在 (a,b) 内（　　）.

A. 只有一个零点   B. 有两个零点

C. 无零点   D. 至多有一个零点

（5）方程 $x^4-x-1=0$ 至少有一个根的区间是（　　）.

A. $\left(0,\dfrac{1}{2}\right)$ B. $\left(\dfrac{1}{2},1\right)$

C. $(2,3)$ D. $(1,2)$

3. 证明方程 $x\ln x = 1$ 至少有一个介于 1 和 2 之间的实根.

4. 设 $f(x)$ 在 $[a,b]$ 上连续,且 $f(a) < a$, $f(b) > b$. 证明至少存在一点 $\xi \in (a,b)$,使得 $f(\xi) = \xi$.

5. 设函数 $f(x)$, $g(x)$ 在闭区间 $[a,b]$ 上均连续,并且 $f(a) < g(a)$, $f(b) > g(b)$,试证在开区间 (a,b) 内至少存在一点 ξ,使得 $f(\xi) = g(\xi)$.

6. 设 $f(x)$ 在 $[0,1]$ 上连续,$f(x) > 0$,且 $f(0) = f(1) = 0$,则对任意一个实数 $a(0 < a < 1)$,必有实数 $x_0(0 < x_0 < 1)$,使得 $f(x_0 + a) = f(x_0)$.

7. 证明:若 $f(x)$ 在 (a,b) 内连续,且 $a<x_1\leqslant x_2\leqslant\cdots\leqslant x_n<b$,则在 $[x_1,x_2]$ 上必有 ξ,使得 $f(\xi)=\dfrac{1}{n}[f(x_1)+f(x_2)+\cdots+f(x_n)]$.

*8. 证明 $f(x)=\sqrt{x}$ 在 $[1,+\infty)$ 是一致连续的.

第一章综合练习题

1. 填空题：

（1）设函数 $f(x)=\begin{cases}1, & |x|\leqslant 1,\\ 0, & |x|>1,\end{cases}$ 则 $f[f(x)]=$ _____．

（2）$f(x)=\dfrac{1-\sqrt{1-2x}}{1+\sqrt{1-2x}}$ 的定义域是 _____．

（3）设 $f(x)=\begin{cases}e^x(\sin x+\cos x), & x>0,\\ 2x+a, & x\leqslant 0\end{cases}$ 是 $(-\infty,+\infty)$ 上的连续函数，则 $a=$ _____．

（4）当 $x\to 0$ 时，$x^2+3x^{\frac{5}{2}}$ 是关于 x 的 _____ 阶无穷小．

2. 选择题：

（1）函数 $f(x)=x\cdot\sin x$（　　）．

A. 在 $(-\infty,+\infty)$ 内无界　　　　　　　　B. 在 $(-\infty,+\infty)$ 内有界

C. 在 $x\to\infty$ 时为无穷大　　　　　　　　D. $x\to\infty$ 时极限存在

（2）$f(x)=\begin{cases}x+2, & x\leqslant 0,\\ e^{-x}+1, & 0<x\leqslant 1,\\ x^2, & 1<x,\end{cases}$ 则 $\lim\limits_{x\to 0}f(x)=$（　　）．

A. 0　　　　　　　B. 不存在　　　　　　C. 2　　　　　　　D. 1

（3）对任意的 x，总有 $\varphi(x)\leqslant f(x)\leqslant g(x)$，且 $\lim\limits_{x\to\infty}[g(x)-\varphi(x)]=0$，则 $\lim\limits_{x\to\infty}f(x)$
（　　）．

A. 存在且等于零　　　　　　　　　　B. 存在但不一定为零

C. 一定不存在　　　　　　　　　　　D. 不一定存在

（4）设函数 $f(x)$ 在 $[a,b]$ 上连续，则 $f(a)f(b)<0$ 是方程 $f(x)=0$ 在 (a,b) 内至少有一个根的（　　）．

A. 充分条件　　　　　　　　　　　　B. 必要条件

C. 充分必要条件　　　　　　　　　　D. 既非充分条件又非必要条件

（5）当 $x\to\infty$ 时，$\dfrac{2}{x^3}+\dfrac{1}{2x^2}$ 是 $1-\cos\dfrac{1}{x}$ 的（　　）．

A. 高阶无穷小　　　　　　　　　B. 低阶无穷小

C. 等价无穷小　　　　　　　　　D. 同阶但不等价无穷小

（6）下列命题中正确的是（　　）.

A. 有界函数乘无界函数仍是无界函数

B. 无界函数乘无穷大量仍是无穷大量

C. 无穷小量乘任一个实数仍是无穷小量

D. 两个无穷大量之和仍是无穷大量

（7）设 $f(x) = \dfrac{e^{\frac{1}{x}}+1}{3e^{-\frac{1}{x}}+1}$，则 $\lim\limits_{x\to 0} f(x)$（　　）.

A. ∞　　　　　　B. 不存在　　　　　　C. 0　　　　　　D. $\dfrac{1}{3}$

（8）当 $x\to 0$ 时，下列哪一个无穷小是 x 的三阶无穷小（　　）.

A. $\sqrt[3]{x^2}-\sqrt{x}$　　　　　　　　　　B. $\sqrt{a+x^3}-\sqrt{a}$

C. $x^3+0.001x^2$　　　　　　　　　　D. $\sqrt[3]{\tan x}$

3. 求 $y = \sqrt{\lg\dfrac{x^2+5x}{6}}$ 的定义域.

4. 已知 $f(x) = \begin{cases} 1, & e^{-1}<x<1, \\ x, & 1\leqslant x<e, \end{cases}$ $g(x)=e^x$，求 $f[g(x)]$.

5. 求下列极限：

（1）$\lim\limits_{x \to 5} \dfrac{\sqrt{x-1}-2}{x-5}$.

（2）$\lim\limits_{x \to +\infty} \left(\sqrt{(x+2)(x+4)} - x \right)$.

（3）$\lim\limits_{x \to 0} \sqrt[x]{1-2x}$.

（4）$\lim\limits_{x \to 0} \dfrac{3\sin x + x^2 \cos \dfrac{1}{x}}{(1+\cos x)\ln(1+x)}$.

（5）$\lim\limits_{x\to 0}(\cos x)^{\frac{1}{\ln(1+x^2)}}$.

（6）利用夹逼准则求 $\lim\limits_{n\to\infty}(1+2^n+3^n)^{\frac{1}{n}}$.

6. 当 $x\to 0$ 时,若 $1-\cos(e^{x^2}-1)$ 与 $2^m x^n$ 为等价无穷小,求 m 和 n 的值.

7. 设 $x\to x_0$ 时,$\alpha(x)$ 和 $\beta(x)$ 是无穷小,且 $\alpha(x)-\beta(x)\neq 0$,证明当 $x\to x_0$ 时,$\alpha(x)-\beta(x)$ 和 $\ln[1+\alpha(x)]-\ln[1+\beta(x)]$ 是等价无穷小.

8. 设 $a>0$，且 $f(x)=\begin{cases}\dfrac{\cos x}{x+2}, & x\geqslant 0,\\[3mm]\dfrac{\sqrt{a}-\sqrt{a-x}}{x}, & x<0.\end{cases}$

（1）当 a 为何值时，$x=0$ 是 $f(x)$ 的连续点？

（2）当 a 为何值时，$x=0$ 是 $f(x)$ 的间断点？

（3）当 $a=2$ 时，求 $f(x)$ 的连续区间.

9. 求 $f(x)=\dfrac{1}{1-\mathrm{e}^{\frac{x}{1-x}}}$ 的连续区间、间断点，并判断其类型.

10. 设函数 $f(x)$ 在 $[a,b]$ 上连续，$a<c<d<b$，证明：对任意正数 p 和 q，至少有一点 $\xi\in[c,d]$，使 $pf(c)+qf(d)=(p+q)f(\xi)$.

第二章 导数与微分

第一节 导 数 概 念

1. 填空题:

（1）设 $f'(x_0)$ 存在，则 $\lim\limits_{h \to 0} \dfrac{f(x_0+2h)-f(x_0)}{h}$ 为_____.

（2）曲线 $f(x)=\dfrac{1}{3}x^3+\dfrac{1}{2}x^2+6x+1$ 上点 $(0,1)$ 处的切线与 x 轴交点的坐标为_____.

（3）设曲线 $y=\dfrac{1}{x}$ 与 $y=ax^2+b$ 在点 $\left(2,\dfrac{1}{2}\right)$ 处相切，则 $a=$_____，$b=$_____.

（4）已知 $f(x)=\begin{cases} 2x, & x \geq 0, \\ -x^2, & x<0, \end{cases}$ 则 $f'(0)$_____.

2. 选择题:

（1）在函数 $f(x)$ 和 $g(x)$ 的定义域内的一点 x_0 处，下述说法不正确的是（   ）.

A. 若 $f(x),g(x)$ 均可导，则 $f(x)+g(x)$ 也可导

B. 若 $f(x)$ 可导，$g(x)$ 不可导，则 $f(x)+g(x)$ 必可导

C. 若 $f(x),g(x)$ 均不可导，则必有 $f(x)+g(x)$ 不可导

D. 若 $f(x)$ 可导，$g(x)$ 不可导，则 $f(x)+g(x)$ 必不可导

（2）若 $f(x)=\begin{cases} 2e^{x-1}, & x>1, \\ ax^2+bx+1, & x \leq 1 \end{cases}$ 在 $x=1$ 点处可导，则（   ）.

A. $a=1, b=0$ B. $a=2, b=-2$

C. $a=b=-2$ D. $a=-2, b=-2$

（3）设函数

$$f(x)=\begin{cases} x^2, & x \leq 0 \\ x^2+1, & 0<x<1, \\ \dfrac{3}{x}-1, & x \geq 1, \end{cases}$$

且已知 $f(x)$ 在 $x=a$ 点处连续，但不可导，则必有（   ）.

A. $a=-1$ B. $a=0$ C. $a=1$ D. $a=3$

（4）下列函数中导数等于 $\dfrac{1}{2}\sin 2x$ 的是（　　　　）.

A. $\dfrac{1}{2}\cos 2x$ 　　　　B. $\dfrac{1}{2}\sin^2 x$ 　　　　C. $\dfrac{1}{2}\cos^7 x$ 　　　　D. $\dfrac{1}{4}\cos 2x$

（5）设 $f'(x_0)=k$（k 是非零常数），$\lim\limits_{x\to 0}\dfrac{f(x_0-3t)-f(x_0-5t)}{t}=6$，则 k 等于（　　　　）.

A. 3 　　　　B. -3 　　　　C. 4 　　　　D. -4

3. 设 $\varphi(x)$ 在 $x=0$ 处连续，$f(x)=x\varphi(x)$，求 $f'(0)$. 若 $g(x)=|x|\varphi(x)$，$g(x)$ 在 $x=0$ 处可导吗？

4. 已知函数 $f(x)=2x^3+x^2|x|$，研究 $f(x)$ 在 $x=0$ 处是否可导？

5. 已知函数 $f(x)=\begin{cases} x^2+x, & x\le 0, \\ ax^3+bx^2+cx+d, & 0<x<1, \\ x^3-x, & x\ge 1 \end{cases}$，在 $(-\infty,+\infty)$ 上连续且处处可导，试确定常数 a,b,c,d.

第二节　函数的求导法则

1. 选择题:

（1）设函数 $f(x)=\begin{cases}\dfrac{x}{1+e^{\frac{1}{x}}}, & x\neq 0, \\ 0, & x=0,\end{cases}$ 则 $f(x)$ 在 $x=0$ 处（　　　）.

A. 左导数不存在　　　　　　　　　　B. 右导数不存在

C. 导数 $f'(0)=1$　　　　　　　　　　D. 不可导

（2）函数 $f(x)=(x^2-x-2)\left|x^3-x\right|$ 不可导的点的个数为（　　　）.

A. 3　　　　　　　B. 2　　　　　　　C. 1　　　　　　　D. 0

2. 求下列函数的导数.

（1）$y=e^x-\dfrac{1}{x^2}$;

（2）$y=\sin^2 x$;

（3）$y=x^2 e^x$;

（4）$y = \dfrac{\sin x}{x}$；

（5）$y = \arcsin x^2$；

（6）$y = \dfrac{1-\sqrt{x}}{1+\sqrt{x}}$.

3. 设 $y = \dfrac{\cos x}{\mathrm{e}^x} - 3(1+x^2)\arctan x$，求 $y'(0)$.

4. 设 $y = \ln\left(\dfrac{(1-x)\,\mathrm{e}^x}{\cos x}\right)^{\frac{1}{3}}$，求 $y'(0)$.

5. 计算下列函数的导数.

（1）$y = \ln(1 + e^{2x}) - x + e^{-x} \arctan e^x$；

（2）$y = \arctan \sqrt{x^2 - 1} - \dfrac{\ln x}{\sqrt{x^2 - 1}}$；

（3）$y = \arcsin\left(\dfrac{1 - x^2}{1 + x^2}\right)$；

（4）$y = \ln(\sec x + \tan x)$.

6. 设 $\varphi(x) = \begin{cases} x^2 \sin x, & x \neq 0, \\ 0, & x = 0, \end{cases}$ 函数 $f(x)$ 在 $x = 0$ 处可导,证明 $f(\varphi(x))$ 在 $x = 0$ 处可导,且导数为 0.

7. 设 $f(u)$ 为可导函数,且 $f(2x + 1) = x^4$,求 $f'(2x + 1)$ 和 $f'(x)$.

第三节　高阶导数

1. 填空题：

（1）若 $y = k2^x$，则 $y^{(n)}(0) =$ _____ .

（2）若 $y = \cos kx$，则 $y^{(n)}(x) =$ _____ .

（3）若 $y = x^n$，则 $y^{(n)}(x) =$ _____ ，$y^{(n+1)}(x) =$ _____ .

2. 求下列函数的二阶导数.

（1）$y = e^{2x+1}$；

（2）$y = x^3 + 2x - 1$；

（3）$y = \cos x^2$；

（4）$y = \tan x$.

3. 求下列函数的 n 阶导数.

（1）$y=(1+2x)^{\alpha}$;

（2）$y=x\ln x$.

4. 计算下列各题.

（1）$y=\dfrac{1}{x^2-5x+6}$,求 $y^{(n)}$;

（2）$y=x^2\mathrm{e}^x$,求 $y^{(100)}$.

5. 设 $0<x<\dfrac{\pi}{2}$,且 $f'(\sin x)=1-\cos x$,求 $f''(x)$.

第四节　隐函数及由参数方程所确定的函数的导数　相关变化率

1. 计算题：

（1）设函数 $y=y(x)$ 由方程 $\ln(x^2+y)=x^3y+\sin x$ 确定，求 $\left.\dfrac{\mathrm{d}y}{\mathrm{d}x}\right|_{x=0}$.

（2）设 $x^2+3y^2-\sin x+4y=0$，$y\geqslant 0$，求 $\left.\dfrac{\mathrm{d}y}{\mathrm{d}x}\right|_{x=0}$.

（3）设方程 $\mathrm{e}^y+y^2=\cos x$ 确定 y 为 x 函数，求 $\dfrac{\mathrm{d}y}{\mathrm{d}x}$.

（4）设函数 $y=y(x)$ 由参数方程 $\begin{cases} x=t-\ln(1+t), \\ y=t^2+t^2 \end{cases}$ 所确定，求 $\dfrac{\mathrm{d}^2y}{\mathrm{d}x^2}$.

（5）设方程 $\mathrm{e}^y+6xy+x^2-1=0$ 确定函数 $y=y(x)$，求 $y''(0)$.

（6）已知心形线的极坐标方程为 $r=a(1+\cos\theta)$，求它在直角坐标系中的 $\dfrac{\mathrm{d}y}{\mathrm{d}x}$.

（7）设 $y=y(x)$ 的参数方程为 $\begin{cases} x=\arctan t, \\ 2y-ty^2+\mathrm{e}^t=5, \end{cases}$ 求 $\dfrac{\mathrm{d}y}{\mathrm{d}x}$.

2. 利用对数求导法求导数.

（1）设 $y = \sqrt{\dfrac{(x+1)(x^2+2)}{x^3+x}}$，求 y'.

（2）设 $y = x^{\sin x}$，求 y'.

（3）设 $y = x\sqrt{\dfrac{x+1}{x-2}} + x^{\sin x}$，求 y'.

3. 已知函数 $f(x) = \begin{cases} ax^2+bx, & x<0, \\ \ln(1+x), & x \geqslant 0 \end{cases}$ 在点 $x=0$ 处有二阶导数，试确定参数 a, b 的值.

4. 求曲线 $\begin{cases} x = \mathrm{e}^t \sin 2t, \\ y = \mathrm{e}^t \cos t \end{cases}$ 在 $(0,1)$ 处的切线方程.

5. 已知某一正南正北的垂直路口有甲乙两车,甲车在路口东侧沿着路口由西向东行驶,乙车在路口北侧沿着路口由北向南行驶,当甲车距离路口东向 4 km 时,乙车距离路口北向 3 km(如图 2-1),甲乙两车间的距离以 10 km/h 的速率增加,若此刻乙车的速度为 50 km/h,请问此刻甲车的速度是多少?

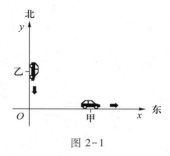

图 2-1

第五节　函数的微分

1. 填空题：

（1）函数 $f(x)$ 在点 x_0 可微的充分必要条件是函数 $f(x)$ 在点 x_0 处_____.

（2）设 $y = x^2 + x$ 在 $x_0 = 2$ 处 $\Delta x = 0.1$，则 $\Delta y =$ _____，$\mathrm{d}y =$ _____.

（3）设 $y = f(x)$ 在 x_0 处可微，则 $\Delta y - \mathrm{d}y =$ _____.

（4）设 $y = f(u)$ 是可微函数，$u = g(x)$ 是 x 的可微函数，则 $\mathrm{d}y =$ _____ $=$ _____.

2. 在下列括号中填入适当的函数，使等式成立.

（1）d _____ $= (6x + 1)\mathrm{d}x$.

（2）d _____ $= \mathrm{e}^{-3x}\mathrm{d}x$.

（3）d _____ $= \sin 4x\mathrm{d}x$.

（4）d _____ $= \sec^2 2x\mathrm{d}x$.

3. 求下列函数的微分.

（1）$y = \ln x + 4\sqrt{x}$；

（2）$y = \mathrm{e}^x \sin 2x$；

（3）$y = \ln \sqrt{1+x^2}$；

（4）$y = \dfrac{\cos x}{x}$.

4. 设方程 $\ln(x^2+y^2) = \arctan \dfrac{y}{x}$ 确定 y 是 x 的函数,求 $\mathrm{d}y$.

5. 设 $y = f(\ln x)\,\mathrm{e}^{f(x)}$,其中 f 可微,求 $\mathrm{d}y$.

6. 计算 $\sqrt[3]{1.06}$ 和 $\lg 998$ 的近似值($\lg \mathrm{e} \approx 0.434\,3$).

第二章综合练习题

1. 填空题:

（1）若 $f(x)$ 在 $x=a$ 处可导,则 $\lim\limits_{h\to 0}\dfrac{f(a+mh)-f(a-nh)}{h}=$ _____.

（2）设 $f(0)=0$,且 $f'(0)=2$,则 $\lim\limits_{x\to 0}\dfrac{f(x)}{x}=$ _____.

（3）若 $f(x)=\begin{cases} g(x)\cos\dfrac{1}{x}, & x\neq 0, \\ 0, & x=0, \end{cases}$ 而 $g(0)=g'(0)=0$,则 $f'(0)=$ _____.

（4）设 $y=xf\left(\dfrac{1}{x}\right)$,其中 f 为可微函数,则 $\dfrac{\mathrm{d}^2 y}{\mathrm{d}x^2}=$ _____.

（5）设 $y=\cos x$,则 $y^{(50)}=$ _____.

（6）若 $f(x)=\max\{2x,x^2\}$,$x\in(0,4)$,且知 $f'(a)(a\in(0,4))$ 不存在,则 $a=$ _____.

（7）用微分近似计算公式计算 $\ln 1.1\approx$ _____.

（8）设 $f(x)$ 在点 $x=0$ 处可导,且 $\lim\limits_{x\to 0}\dfrac{\cos x-1}{2^{f(x)}-1}=1$,则 $f'(0)$ 等于 _____.

2. 选择题:

（1）已知 $f(0)=0$,则 $f(x)$ 在点 $x=0$ 处可导的充分必要条件是（　　　）.

A. 数列极限 $\lim\limits_{n\to\infty}nf\left(\dfrac{1}{n}\right)$ 存在

B. 极限 $\lim\limits_{h\to 0}\dfrac{f[\ln(1+h)]}{h}$ 存在.

C. 极限 $\lim\limits_{h\to 0}\dfrac{f(h)-f(-h)}{h}$ 存在.

D. 极限 $\lim\limits_{h\to 0}\dfrac{f(1-\cos h)}{h^2}$ 存在.

（2）$f(x)=\begin{cases} \mathrm{e}^x, & x<0, \\ ax^2+bx+c, & x\geqslant 0, \end{cases}$ 且 $f''(0)$ 存在,则（　　　）.

A. $a=\dfrac{1}{2}$,$b=1$,$c=-1$

B. $a=-\dfrac{1}{2}$,$b=c=1$

C. $a=\dfrac{1}{2}$,$b=c=1$

D. $a=-\dfrac{1}{2}$,$b=-1$,$c=1$

（3）设 $f(x)$ 在 $(0,a)$ 内可导，则下列命题正确的是（   ）.

A. 若 $\lim\limits_{x\to 0^+} f(x)=+\infty$ ，则 $\lim\limits_{x\to 0^+} f'(x)=+\infty$.

B. 若 $\lim\limits_{x\to 0^+} f'(x)=+\infty$ ，则 $\lim\limits_{x\to 0^+} f(x)=+\infty$.

C. 若 $\lim\limits_{x\to 0^+} f'(x)=A$ ，且 $\lim\limits_{x\to 0^+} f(x)=0$ ，则 $\lim\limits_{x\to 0^+} \dfrac{f(x)}{x}=A$.

D. 若 $\lim\limits_{x\to 0^+} \dfrac{f(x)}{x}=A$ ，则 $\lim\limits_{x\to 0^+} f'(x)=A$.

（4）已知 $f(x)=(x-a)(x-b)(x-c)(x-d)$ 与 $f'(k)=(c-a)(c-b)(c-d)$ ，则必有
（   ）.

A. $k=a$ 　　　　　　　　　　　B. $k=b$

C. $k=c$ 　　　　　　　　　　　D. $k=d$

（5）设 a 为常数，$f(x)=\begin{cases}(x-1)^a\cos\dfrac{1}{x-1}, & x>1, \\ 0, & x=1,\end{cases}$ 则（   ）.

A. 当 $0<a<1$ 时，$f'_+(1)$ 存在.

B. 当 $1\leqslant a<2$ 时，$f'_+(1)$ 存在.

C. 当 $a>1$ 时，$f'_+(1)$ 存在.

D. 当 $a\geqslant 2$ 时，$f'(x)$ 在 $x=1$ 处右连续.

（6）已知 $f(x)=x(1-x)(2-x)\cdots(100-x)$ 且 $f'(a)=2\times(98)!$ ，则（   ）.

A. $a=0$ 　　　　　　　　　　　B. $a=2$

C. $a=1$ 　　　　　　　　　　　D. $a=3$

（7）设 $f(x),g(x)$ 都是可导函数，下列命题正确的是（   ）.

A. 若 $f(x)<g(x)$ ，则 $f'(x)>g'(x)$.

B. 若 $f(x)>g(x)$ ，则 $f'(x)>g'(x)$.

C. 若 $f'(x)-g'(x)=0$ ，则 $f(x)-g(x)=0$.

D. 若 $f(x_0)=g(x_0)$ ，$f(x),g(x)$ 在点 x_0 处可导，且 $\lim\limits_{x\to x_0}\dfrac{f(x)-g(x)}{x-x_0}=0$ ，则 $f'(x_0)=g'(x_0)$.

（8）下列函数中，（   ）是在 $x=1$ 处没有导数的连续函数.

A. $y=|x|$ 　　　　　　　　　　B. $y=\sqrt[3]{x-1}$

C. $y=\arctan x$ 　　　　　　　　D. $y=\ln x-1$

（9）若 $f(x)=\begin{cases}\ln(1+x^2), & x<1, \\ ae^{ax}+bx+c, & x\geqslant 1,\end{cases}$ 且 $f''(1)$ 存在，则（   ）.

A. $a=0,b=1,c=\ln 2$ 　　　　　　　B. $a=0,b=1,c=\ln 2-1$

C. $a=1,b=2,c=\ln 2-1$ 　　　　　　D. $a=1,b=-2,c=\ln 2$

3．计算下列函数的导数．

（1）$y = 3^x x + \ln \sqrt{\dfrac{2x-1}{x+1}}$ ；

（2）$\ln \sqrt{x^2 + y^2} = \arctan \dfrac{y}{x}$ ；

（3）$\begin{cases} x = \dfrac{1+t}{t^3}, \\ y = \dfrac{3}{2t^2} + \dfrac{1}{2t}. \end{cases}$

4．求下列函数的微分．

（1）$y = \ln \dfrac{\cos x}{x^2 - 1}$ ；

（2）设 $f[\cot(x^2)]$，其中 f 是可导函数，求 $\mathrm{d}y$．

5. 讨论函数 $f(x) = \begin{cases} x\arctan\dfrac{1}{x}, & x \neq 0, \\ 0, & x = 0 \end{cases}$ 在点 $x = 0$ 的连续性和可导性.

6. 求曲线 $y = \dfrac{x + 2\ln x}{x}$ 当 $x = 1$ 时的切线及法线方程.

7. 设 $f(x) = x^2(x^2 - 1) \cdots (x^2 - 100)$,求 $f'(0)$.

8. 设 $y = (2x^2 + x + 1)\mathrm{e}^{2x}$,求 $y^{(100)}$.

9. 证明曲线 $x^{\frac{1}{2}} + y^{\frac{1}{2}} = 2a\,(a > 0)$ 上任一点的切线所截两坐标轴的截距之和等于 a^2.

第三章　微分中值定理与导数的应用

第一节　微分中值定理

1. 填空题：

（1）函数 $f(x)=\arctan x$ 在 $[0,1]$ 上使拉格朗日中值定理结论成立的 ξ 是_____．

（2）设 $f(x)=(x-5)(x-7)(x-9)$，则 $f'(x)=0$ 有_____个实根，分别位于区间_____．

2. 选择题：

（1）罗尔定理中的三个条件：$f(x)$ 在 $[a,b]$ 上连续，在 (a,b) 内可导，且 $f(a)=f(b)$，是至少存在一点 $\xi\in(a,b)$，使 $f'(\xi)=0$ 成立的（　　）.

A. 必要条件　　　　　　　　　B. 充分条件

C. 充要条件　　　　　　　　　D. 既非充分也非必要条件

（2）下列函数在 $[-1,1]$ 上满足罗尔定理条件的是（　　）.

A. $f(x)=\mathrm{e}^x$　　　　　　　　　B. $f(x)=|x|$

C. $f(x)=1-x^2$　　　　　　　　D. $f(x)=\begin{cases} x\sin\dfrac{1}{x}, & x\neq 0, \\ 0, & x=0 \end{cases}$

（3）下列函数在 $[0,2]$ 上满足拉格朗日中值定理条件的是（　　）.

A. $f(x)=(x-1)^{\frac{2}{3}}$　　　　　　B. $f(x)=x^{\frac{2}{3}}$

C. $f(x)=|x-1|$　　　　　　　D. $f(x)=\begin{cases} \dfrac{\sin x}{x}, & x\neq 0, \\ 0, & x=0 \end{cases}$

（4）设 $f(x)=x^2(x-1)(x+2)$，则 $f'(x)$ 的零点个数为（　　）.

A. 0　　　　　　B. 1　　　　　　C. 2　　　　　　D. 3

（5）若 $f(x)$ 在 (a,b) 内可导，且 x_1,x_2 是 (a,b) 内任意两点，则至少存在一点 ξ，使（　　）成立.

A. $f(x_2)-f(x_1)=(x_1-x_2)f'(\xi),\xi\in(a,b)$

B. $f(x_1)-f(x_2)=(x_1-x_2)f'(\xi),\xi$ 在 x_1,x_2 之间

C. $f(x_1) - f(x_2) = (x_2 - x_1)f'(\xi), x_1 < \xi < x_2$

D. $f(x_2) - f(x_1) = (x_2 - x_1)f'(\xi), x_1 < \xi < x_2$

3. 证明恒等式: $\arctan x + \mathrm{arccot}\, x = \dfrac{\pi}{2}\,(-\infty < x < +\infty)$.

4. 已知 $f(x)$ 在 $[0,1]$ 上连续, 在 $(0,1)$ 内可导, 且 $f(0) = 1, f(1) = 0$. 证明: 在 $(0,1)$ 内至少存在一点 ξ, 使 $f'(\xi) = -\dfrac{f(\xi)}{\xi}$.

5. 证明方程 $1 + x + \dfrac{x^2}{2} + \dfrac{x^3}{6} = 0$ 恰有一个实根.

6. 设函数 $f(x)$ 在 (a,b) 内具有二阶导数, 且 $f(x_1) = f(x_2) = f(x_3)$, 其中 $a < x_1 < x_2 < x_3 < b$, 证明: 在 (x_1, x_3) 内至少有一点 ξ, 使得 $f''(\xi) = 0$.

7. 设函数 $f(x)$ 在 $[a,b]$ 上可导,且 $f(a)<0,f(c)>0,f(b)<0$,其中 c 是介于 a,b 之间的一个实数. 证明:存在 $\xi\in(a,b)$,使 $f'(\xi)=0$.

8. 证明下列不等式.

(1) 当 $0<x<\pi$ 时,$\dfrac{\sin x}{x}>\cos x$.

(2) 当 $a>b>0$ 时,$\dfrac{a-b}{a}<\ln\dfrac{a}{b}<\dfrac{a-b}{b}$.

第二节　洛必达法则

1. 填空题：

（1）$\lim\limits_{x\to\frac{\pi}{2}}\dfrac{\cos 5x}{\cos 3x}=$ _____.

（2）$\lim\limits_{x\to+\infty}\dfrac{\ln\left(1+\dfrac{1}{x}\right)}{\operatorname{arccot} x}=$ _____.

（3）$\lim\limits_{x\to 0}\dfrac{\sin x-x}{x^3}=$ _____.

（4）$\lim\limits_{x\to 0}\left(\dfrac{1}{x^2}-\dfrac{1}{x\tan x}\right)=$ _____.

2. 选择题：

（1）下列各式运用洛必达法则正确的是（　　　）.

A. $\lim\limits_{n\to\infty}\sqrt[n]{n}=\mathrm{e}^{\lim\limits_{n\to\infty}\frac{\ln n}{n}}=\mathrm{e}^{\lim\limits_{n\to\infty}\frac{1}{n}}=1$

B. $\lim\limits_{x\to 0}\dfrac{x+\sin x}{x-\sin x}=\lim\limits_{x\to 0}\dfrac{1+\cos x}{1-\cos x}=\infty$

C. $\lim\limits_{x\to 0}\dfrac{x^2\sin\dfrac{1}{x}}{\sin x}=\lim\limits_{x\to 0}\dfrac{2x\sin\dfrac{1}{x}-\cos\dfrac{1}{x}}{\cos x}$，极限不存在

D. $\lim\limits_{x\to 0}\dfrac{x}{\mathrm{e}^x}=\lim\limits_{x\to 0}\dfrac{1}{\mathrm{e}^x}=1$

（2）在以下各式中，极限存在，但不能用洛必达法则计算的是（　　　）.

A. $\lim\limits_{x\to 0}\dfrac{x^2}{\sin x}$　　　　　　　　　　B. $\lim\limits_{x\to 0^+}\left(\dfrac{1}{x}\right)^{\tan x}$

C. $\lim\limits_{x\to\infty}\dfrac{x+\sin x}{x}$　　　　　　　　　D. $\lim\limits_{x\to+\infty}\dfrac{x^2}{\mathrm{e}^x}$

3. 求下列极限.

(1) $\lim\limits_{x\to 0}\left(\dfrac{1}{x}-\dfrac{1}{e^x-1}\right)$;

(2) $\lim\limits_{x\to 0}\dfrac{2^x+2^{-x}-2}{x^2}$;

(3) $\lim\limits_{x\to 0}\dfrac{e^x-\sin x-1}{(\arcsin x)^2}$;

(4) $\lim\limits_{x\to 0}\dfrac{x-\sin x}{x-x\cos x}$;

(5) $\lim\limits_{x\to 0}\left(\dfrac{1}{x^2}-\cot^2 x\right)$;

（6）$\lim\limits_{x\to 0^{+}}\left(\dfrac{1}{x}\right)^{\tan x}$;

（7）$\lim\limits_{x\to +\infty}\ln(1+2^{x})\ln\left(1+\dfrac{3}{x}\right)$;

（8）$\lim\limits_{n\to \infty}\sqrt[n]{n}$.

第三节　泰　勒　公　式

1. 按 $(x-1)$ 的幂展开多项式 $f(x)=x^4+3x^2+4.$

2. 写出函数 $f(x)=x^3\ln x$ 在 $x_0=1$ 处带拉格朗日余项的 4 阶泰勒公式.

3. 求一个二次多项式 $p(x)$, 使得 $2^x=p(x)+o(x^2).$

4. 利用泰勒公式求极限 $\lim\limits_{x\to 0}\dfrac{\mathrm{e}^{-x^2}-1}{\ln(1+x)-x}.$

5. 设 $f(x)$ 有三阶导数, 且 $\lim\limits_{x \to 0} \dfrac{f(x)}{x^2} = 0$, $f(1) = 0$, 证明在 $(0,1)$ 内存在一点 ξ, 使 $f'''(\xi) = 0$.

6. 验证: 在区间 $\left[0, \dfrac{1}{4}\right]$ 上, 按公式 $\dfrac{x}{\sqrt[3]{1+x}} \approx x - \dfrac{1}{3}x^2 + \dfrac{2}{9}x^3$ 计算 $\dfrac{x}{\sqrt[3]{1+x}}$ 的近似值时, 所产生的误差小于 10^{-3}.

*7. 设 $y = f(x)$ 在 $x = 0$ 的某邻域内具有三阶导数, 且 $\lim\limits_{x \to 0} \left(1 + x + \dfrac{f(x)}{x}\right)^{\frac{1}{x}} = e^3$, 求 $f(0)$, $f'(0)$, $f''(0)$, 并求 $\lim\limits_{x \to 0} \left(1 + \dfrac{f(x)}{x}\right)^{\frac{1}{x}}$.

第四节　函数的单调性与曲线的凹凸性

1. 填空题：

（1）函数 $y = ax^2 + 1$ 在 $(0, +\infty)$ 内单调增加，则 a 的取值范围为_____．

（2）设函数 $f(x)$ 的二阶导数存在，且 $f''(x) > 0$，$f(0) = 0$，则 $F(x) = \dfrac{f(x)}{x}$ 在 $0 < x < +\infty$ 上单调_____．

（3）函数 $y = 4x^2 - \ln(x^2)$ 的单调增加区间是_____，单调减少区间是_____．

（4）若点 $(1, 3)$ 为曲线 $y = ax^3 + bx^2$ 的拐点，则 $a = $_____，$b = $_____，曲线的凹区间为_____，凸区间为_____．

2. 选择题：

（1）下列函数中，（　　）在指定区间内是单调减少的函数．

A. $y = 2^{-x}$，$(-\infty, +\infty)$ 　　　　B. $y = e^x$，$(-\infty, 0)$

C. $y = \ln x$，$(0, +\infty)$ 　　　　D. $y = \sin x$，$(0, \pi)$

（2）设 $f'(x) = (x-1)(2x+1)$，则在区间 $\left(\dfrac{1}{2}, 1\right)$ 内（　　）．

A. $y = f(x)$ 单调增加，曲线 $y = f(x)$ 为凹的

B. $y = f(x)$ 单调减少，曲线 $y = f(x)$ 为凹的

C. $y = f(x)$ 单调减少，曲线 $y = f(x)$ 为凸的

D. $y = f(x)$ 单调增加，曲线 $y = f(x)$ 为凸的

（3）若 $f(x)$ 在 $(-\infty, +\infty)$ 内可导，且当 $x_1 > x_2$ 时，有 $f(x_1) > f(x_2)$，则（　　）．

A. 对于任意 x，都有 $f'(x) > 0$ 　　B. 对于任意 x，都有 $f'(-x) \le 0$

C. $f(-x)$ 在 $(-\infty, +\infty)$ 内单调增加 　D. $-f(-x)$ 在 $(-\infty, +\infty)$ 内单调增加

（4）设函数 $f(x)$ 在 $[0, 1]$ 上二阶导数大于 0，则下列关系式成立的是（　　）．

A. $f'(1) > f'(0) > f(1) - f(0)$ 　　B. $f'(1) > f(1) - f(0) > f'(0)$

C. $f(1) - f(0) > f'(1) > f'(0)$ 　　D. $f'(1) > f(0) - f(1) > f'(0)$

3. 求下列函数的单调区间.

（1）$y = \ln\left(x + \sqrt{1+x^2}\right)$；

（2）$y = e^x - x - 1$；

（3）$y = (2x-5)\sqrt[3]{x^2}$.

4. 证明下列不等式：

（1）对任意实数 a 和 b，不等式 $\dfrac{|a+b|}{1+|a+b|} \leqslant \dfrac{|a|}{1+|a|} + \dfrac{|b|}{1+|b|}$ 成立.

（2）当 $x > 0$ 时，$\arctan x + \dfrac{1}{x} > \dfrac{\pi}{2}$.

（3）当 $x>0$ 时, $\sin x>x-\dfrac{x^{3}}{6}$.

5. 讨论方程 $x-\dfrac{\pi}{2}\sin x=k$（其中 k 为常数）在 $\left(0,\dfrac{\pi}{2}\right)$ 内有几个实根.

6. 设 $f'(x)$ 在 $U_{\delta}(x_{0})$ 内连续但不为零,且 $f'(x_{0})>0$,证明 $f(x)$ 在 $U_{\delta}(x_{0})$ 内单调增加.

7. 求下列函数图形的拐点及凹或凸的区间.

（1）$y=x+\dfrac{x}{x^{2}-1}$;

（2）$y=(2x-5)\sqrt[3]{x^2}$.

8. 利用凹凸性证明：当 $0<x<\pi$ 时，$\sin\dfrac{x}{2}>\dfrac{x}{\pi}$.

9. 设 $\lim\limits_{x\to0}\dfrac{f(x)}{x^2}=-2$，$f(0)=0$，问 $f(x)$ 在 $x=0$ 处是否可导？是否取得极值？

第五节　函数的极值与最大值最小值

1. 填空题：

（1）函数 $y = x2^x$ 的极小值点是 _____.

（2）函数 $f(x) = (x-1)\sqrt[3]{x^2}$ 在区间 $\left[-1, \dfrac{1}{2}\right]$ 上的最大值为 _____，最小值为 _____.

2. 选择题：

（1）设 $f(x)$ 在 $(-\infty, +\infty)$ 内有二阶导数，且 $f'(x_0) = 0$，则 $f(x)$ 满足（　　）时，$f(x_0)$ 必是 $f(x)$ 的最大值.

A. $x = x_0$ 是 $f(x)$ 的唯一驻点　　　　B. $x = x_0$ 是 $f(x)$ 的极大值点

C. $f''(x)$ 在 $(-\infty, +\infty)$ 内恒为负　　D. $f''(x)$ 不为零

（2）已知 $f(x)$ 对任意 $x \in (-\infty, +\infty)$ 满足 $xf''(x) + 3x[f'(x)]^2 = 1 - e^{-x}$，若 $f'(x_0) = 0 (x_0 \neq 0)$，则（　　）.

A. $f(x_0)$ 为 $f(x)$ 的极大值

B. $f(x_0)$ 为 $f(x)$ 的极小值

C. $(x_0, f(x_0))$ 为拐点

D. x_0 不是极值点，$(x_0, f(x_0))$ 也不是拐点

（3）若 $f(x)$ 在 x_0 的某邻域内有定义，且 $\lim\limits_{x \to x_0} \dfrac{f(x) - f(x_0)}{(x - x_0)^2} = -1$，则函数 $f(x)$ 在 x_0 处（　　）.

A. 取得极大值　　　　　　　　　　B. 取得极小值

C. 无极值　　　　　　　　　　　　D. 不一定有极值

3. 求下列函数的极值.

（1）$f(x) = x - \dfrac{3}{2}x^{\frac{2}{3}}$；

$(2) f(x) = x^{\frac{1}{x}}.$

4. 求函数 $y = 2x^3 + 3x^2 - 12x + 14$ 在 $[-3,4]$ 上的最大值与最小值.

5. 设 $f(x)$ 在 $[a,b]$ 上满足 $f''(x) > 0$, $f(a) > f(b)$, 且有唯一的 $x_0 \in (a,b)$ 使得 $f'(x_0) = 0$, 试确定: (1) 何时曲线 $y = f(x)$ 与 x 轴无交点; (2) 何时曲线 $y = f(x)$ 与 x 轴有唯一交点; (3) 何时曲线 $y = f(x)$ 与 x 轴恰有两个交点.

6. 在半径为 R 的球内作一个内接圆锥体, 问圆锥体的高、底半径为何值时, 其体积 V 最大.

7. 工厂 C 与铁路线的垂直距离 AC 为 $20\ \text{km}$，A 点到火车站 B 的距离为 $100\ \text{km}$. 欲修一条从工厂到铁路的公路 CD，已知铁路与公路每千米运费之比为 $3:5$，为了使火车站 B 与工厂 C 间的运费最省，问 D 点应选在何处？

8. 一条宽为 b 的运河垂直地流向另一条宽为 a 的运河. 设河岸是直的，若一根木料欲从一条运河流至另一条运河，试问其长度的最大值为多少？

9. 证明：当 $0 \leqslant x \leqslant 1, p > 1$ 时，$\dfrac{1}{2^{p-1}} \leqslant x^p + (1-x)^p \leqslant 1$.

第六节　函数图形的描绘

1. 下列曲线有渐近线的是(　　　).

A. $y = x + \sin x$　　　　　　　　　　　B. $y = x^2 + \sin x$

C. $y = x + \sin \dfrac{1}{x}$　　　　　　　　　D. $y = x^2 + \sin \dfrac{1}{x}$

2. 求 $y = \dfrac{x^3}{(x+1)^2}$ 的渐近线.

3. 求 $y = \dfrac{(1+x)^{\frac{3}{2}}}{x\sqrt{x}}$ 的渐近线.

4. 描绘函数 $y = \dfrac{x^3 - 2}{2(x-1)^2}$ 的图形.

5. 描绘函数 $y = \arcsin \dfrac{2x}{1+x^2}$ 的图形.

第七节　曲　　率

1. 填空题：

（1）曲线 $(x-1)^2+(y-2)^2=9$ 上任一点的曲率为_____，$y=kx+b$ 上任一点的曲率为_____.

（2）曲线 $y=4x-x^2$ 在其顶点处的曲率为_____，曲率半径为_____.

（3）曲线 $\begin{cases} x=t^2+7, \\ y=t^2+4t+1 \end{cases}$ 上对应于 $t=1$ 的点处的曲率半径是_____.

（4）曲线 $y=\sin x+e^x$ 的弧微分 $ds=$_____.

2. 问常数 a,b,c 为何值时，曲线 $y=ax^2+bx+c$ 在 $x=0$ 处与曲线 $y=e^x$ 相切，且有相同的凹向与曲率？

3. 曲线弧 $y=\sin x\,(0<x<\pi)$ 上哪一点处的曲率半径最小？求出该点的曲率半径.

4. 求椭圆 $\begin{cases} x = a\cos t, \\ y = b\sin t \end{cases}$ 在 $(0,b)$ 点处的曲率及曲率半径.

*5. 设曲线 $y = f(x)$ 在原点与 x 轴相切,$f''(x)$ 连续,且 $f''(x) \neq 0 (x \neq 0)$. 证明:在 $x = 0$ 处的曲率半径 $R = \lim\limits_{x \to 0} \left| \dfrac{x^2}{2f(x)} \right|$.

*6. 求椭圆 $\dfrac{x^2}{a^2} + \dfrac{y^2}{b^2} = 1$ 的渐屈线方程.

第八节　方程的近似解

1. 试证明方程 $x^3-x-1=0$ 在区间 $(1,1.5)$ 内有唯一的实根. 并用二分法求这个根的近似值,使误差不超过 0.01.

2. 试证明方程 $x^5+5x+1=0$ 在区间 $(-1,0)$ 内有唯一的实根,并用切线法求这个根的近似值,使误差不超过 0.01.

3. 用割线法求方程 $x^3+x-5=0$ 的近似根, 使误差不超过 0.01.

4. 求方程 $e^x-x=2$ 在区间 $(0, +\infty)$ 的近似根, 使误差不超过 0.01.

第三章综合练习题

1. 填空题：

（1）$\lim\limits_{x \to 0} \cot x \left(\dfrac{1}{\sin x} - \dfrac{1}{x} \right) = $ _____．

（2）函数 $y = x - \ln(x+1)$ 在区间_____内单调减少，在区间_____内单调增加．

（3）曲线 $y = xe^{-x}$ 的拐点是_____．

（4）曲线 $y = 3x - \dfrac{\ln x}{2x} + 1$ 的斜渐近线是_____．

（5）函数 $f(x) = \sin x - x$ 的三阶麦克劳林公式是_____，$\lim\limits_{x \to 0} \dfrac{e^{\sin x} - e^x}{x^3} = $ _____．

2. 选择题：

（1）设函数 $f(x)$ 具有二阶导数，$g(x) = f(0)(1-x) + f(1)x$，则在 $[0,1]$ 上（　　　）.

A. 当 $f'(x) > 0$ 时，$f(x) \geqslant g(x)$　　　　　　B. 当 $f'(x) > 0$ 时，$f(x) \leqslant g(x)$

C. 当 $f''(x) > 0$ 时，$f(x) \geqslant g(x)$　　　　　　D. 当 $f''(x) > 0$ 时，$f(x) \leqslant g(x)$

（2）设函数 $f(x)$ 满足关系式 $f''(x) + [f'(x)]^2 = x + 1$，且 $f'(0) = 0$，则（　　　）.

A. $f(0)$ 是 $f(x)$ 的极小值

B. $f(0)$ 是 $f(x)$ 的极大值

C. $(0, f(0))$ 是曲线 $y = f(x)$ 的拐点

D. $f(0)$ 不是 $f(x)$ 的极小值，$(0, f(0))$ 也不是曲线 $y = f(x)$ 的拐点

（3）函数 $f(x) = \ln|(x-1)(x-2)(x-3)|$ 的驻点的个数为（　　　）.

A. 0　　　　　　　　B. 1　　　　　　　　C. 2　　　　　　　　D. 3

（4）曲线 $y = \dfrac{x|x|}{(x-2)(x-3)}$ 的渐近线的条数为（　　　）.

A. 1　　　　　　　　B. 2　　　　　　　　C. 3　　　　　　　　D. 4

（5）设 $f(x)$ 具有二阶连续导数，且 $f'(0) = 0$，$\lim\limits_{x \to 0} \dfrac{f(x)}{x^2} = 1$，则（　　　）.

A. $f(0)$ 是 $f(x)$ 的极小值

B. $f(0)$ 是 $f(x)$ 的极大值

C. $(0,f(0))$ 是曲线 $y=f(x)$ 的拐点

D. $f(0)$ 不是 $f(x)$ 的极小值，$(0,f(0))$ 也不是曲线 $y=f(x)$ 的拐点

3. 求下列极限.

（1）$\lim\limits_{x\to 0}\dfrac{\tan x-\sin x}{x[\ln(1+x)-x]}$;

（2）$\lim\limits_{x\to\infty}\dfrac{\left(-\sin\dfrac{1}{x}+\dfrac{1}{x}\cos\dfrac{1}{x}\right)\cos\dfrac{1}{x}}{(\mathrm{e}^{\frac{1}{x}+a}-\mathrm{e}^{a})^{2}\sin\dfrac{1}{x}}$;

（3）$\lim\limits_{x\to\frac{\pi}{2}^{-}}(\tan x)^{\cos x}$.

4. 求证：当 $0<x<2$ 时，$4x\ln x\geqslant x^{2}+2x-3$.

5. 设 $f(x)$ 在 $[a,b]$ 上可导且 $b-a \geqslant 4$, 证明:存在点 $x_0 \in (a,b)$, 使 $f'(x_0) < 1+f^2(x_0)$.

6. 设 $k \leqslant 0$, 证明方程 $kx + \dfrac{1}{x^2} = 1$ 有且仅有一个正的实根.

7. 对某工厂上午班工人的工作效率的研究表明,一位中等水平的工人早上 8:00 开始工作,在 t h 之后,生产出的产品个数为 $Q(t) = -t^3 + 9t^2 + 12t$,问:在早上什么时间这位工人的工作效率最高?

第四章　不定积分

第一节　不定积分的概念与性质

1. 填空题：

（1）$\left(\int 4^x \cos x \, \mathrm{d}x \right)' = $ _____.

（2）$\int \mathrm{d}(\arcsin x) = $ _____.

（3）设 $f(x)$ 的一个原函数为 $\arcsin x$，则 $f(x)$ 的导函数为 _____.

（4）设 $f(x) = x + \ln^2 x$，则 $\int f'(x) \, \mathrm{d}x = $ _____，$\dfrac{\mathrm{d}}{\mathrm{d}x} \int f(x) \, \mathrm{d}x = $ _____.

（5）过点 $(0,1)$ 且在横坐标为 x 的点处的切线斜率为 $\cos x$ 的曲线为 _____.

（6）$\int \left(\dfrac{1}{\sin^2 x} + 1 \right) \mathrm{d}(\sin x) = $ _____.

2. 求下列不定积分.

（1）$\int \dfrac{x^2 - 9}{x - 3} \, \mathrm{d}x$；

（2）$\int \left[\sqrt[3]{x^2 \sqrt{x}} + \dfrac{1}{2x} - 2^{x+1} \right] \mathrm{d}x$；

（3）$\int \dfrac{4x^4+4x^2+1}{x^2+1}\mathrm{d}x$；

（4）$\int \dfrac{(1+x^4-x)}{\sqrt[3]{x}}\mathrm{d}x$；

（5）$\int \dfrac{1}{x^2(1+x^2)}\mathrm{d}x$；

（6）$\int \dfrac{1}{\sin^2 x \cos^2 x}\mathrm{d}x$；

（7）$\int (\tan^2 x - 2)\,\mathrm{d}x$；

（8）$\int \cos^2 \dfrac{x}{2}\,\mathrm{d}x$；

（9）$\int 3^x \mathrm{e}^x \,\mathrm{d}x$；

（10）$\int \dfrac{2 \cdot 3^x - 3 \cdot 2^x}{5^x}\,\mathrm{d}x.$

第二节　换元积分法

1. 填空题：

（1）$\mathrm{d}x =$ _____ $\mathrm{d}(5x+2)$，$\dfrac{1}{\sqrt{x}}\mathrm{d}x =$ _____ $\mathrm{d}(\sqrt{x})$，$\mathrm{e}^x\mathrm{d}x =$ _____ $\mathrm{d}(\mathrm{e}^{2x}+3)$，

$\dfrac{\mathrm{d}x}{1+4x^2} =$ _____ $\mathrm{d}(\arctan 2x)$.

（2）若 $f(x) = x^2$，则 $\displaystyle\int \cos x f'(\sin x)\,\mathrm{d}x =$ _____.

（3）若 $\displaystyle\int f(x)\,\mathrm{d}x = \sin^2 x + C$，则 $\displaystyle\int x f(x^2)\,\mathrm{d}x =$ _____.

2. 计算下列不定积分.

（1）$\displaystyle\int \sqrt[4]{1-4x}\,\mathrm{d}x$；

（2）$\displaystyle\int \dfrac{\mathrm{d}x}{\sqrt{x}\,(1+x)}$；

$(3) \displaystyle\int \dfrac{1}{x^2}\cos\dfrac{1}{x}\mathrm{d}x$;

$(4) \displaystyle\int x(1+x^2)^{100}\mathrm{d}x$;

$(5) \displaystyle\int \dfrac{\sqrt{1+2\arctan x}}{1+x^2}\mathrm{d}x$;

$(6) \displaystyle\int \dfrac{\mathrm{d}x}{(\arcsin x)^2\sqrt{1-x^2}}$;

（7）$\int \dfrac{1}{x\sqrt{x^2-1}}\mathrm{d}x$；

（8）$\int \dfrac{1}{x}\left(1+\ln x\right)\mathrm{d}x$；

（9）$\int \dfrac{x}{x^4-x^2-2}\mathrm{d}x$；

（10）$\int \dfrac{\arctan\sqrt{x}}{\sqrt{x}\left(1+x\right)}\mathrm{d}x.$

3. 计算下列不定积分.

（1）$\int \dfrac{1}{1+\sqrt{1-x^2}}\mathrm{d}x$；

（2）$\int \dfrac{1}{(1+x^2)^2}\mathrm{d}x$；

（3）$\int \dfrac{1}{x(x^8+8)}\mathrm{d}x$；

（4）$\int \dfrac{1}{x+\sqrt{1-x^2}}\mathrm{d}x$.

第三节　分部积分法

1. 计算下列不定积分：

（1）$\int e^{-x} \cos x \, dx$；

（2）$\int \arctan x \, dx$；

（3）$\int \ln^2 x \, dx$；

（4）$\int x \tan^2 x \, dx$；

$(5)\ \displaystyle\int \ln\left(x+\sqrt{x^2+1}\,\right)\mathrm{d}x;$

$(6)\ \displaystyle\int x\cos^2 x\mathrm{d}x;$

$(7)\ \displaystyle\int x^2 \mathrm{e}^x \mathrm{d}x;$

$(8)\ \displaystyle\int \frac{1}{x}\ln(\ln x)\mathrm{d}x.$

2. 若 $f(x)$ 的一个原函数是 $\dfrac{\sin x}{x}$,求:

$(1)\ \displaystyle\int xf'(x)\mathrm{d}x;$

$(2)\ \displaystyle\int xf''(x)\mathrm{d}x.$

第四节　有理函数的积分

1. 填空题：

（1）若 $\dfrac{x+1}{x^2-3x+2}=\dfrac{A}{x-1}+\dfrac{B}{x-2}$，则 $A=$ _____，$B=$ _____.

（2）若 $\dfrac{1}{x\left(x^2-1\right)^2}=\dfrac{A}{x}+\dfrac{B}{x-1}+\dfrac{C}{\left(x-1\right)^2}$，则 $A=$ _____，$B=$ _____，$C=$ _____.

2. 求下列不定积分.

（1）$\displaystyle\int\dfrac{1}{\left(x+2\right)\left(x+3\right)}\mathrm{d}x$；

（2）$\displaystyle\int\dfrac{x+5}{x^2-6x+13}\mathrm{d}x$；

（3）$\int \dfrac{x^2+1}{(x+1)^2(x-1)}\mathrm{d}x$；

（4）$\int \dfrac{x}{x^3-3x+2}\mathrm{d}x$；

（5）$\int \dfrac{x^3}{x+1}\mathrm{d}x.$

第五节　积分表的使用

计算下列不定积分.

（1）$\int \dfrac{2}{x^2(1-x)}\mathrm{d}x$；

（2）$\int \dfrac{1}{4-3\cos x}\mathrm{d}x$；

（3）$\int \dfrac{1}{\sqrt{4x^2-1}}\mathrm{d}x$；

（4）$\displaystyle\int \frac{x}{x^2+1}\mathrm{d}x$；

（5）$\displaystyle\int x\sqrt{x+2}\,\mathrm{d}x$；

（6）$\displaystyle\int \frac{x}{\sqrt{x^2+4}}\mathrm{d}x$；

（7）$\displaystyle\int x\arcsin x\mathrm{d}x.$

第四章综合练习题

1. 填空题:

（1）设 $F'(x)=f(x)$,则 $\int f(ax+b)\,\mathrm{d}x=$ _____.

（2）已知 $\dfrac{\sin x}{x}$ 是 $f(x)$ 的一个原函数,则 $\int f(\sqrt{x})\dfrac{1}{\sqrt{x}}\mathrm{d}x=$ _____.

（3）设 $f(x)$ 的一个原函数是 e^{x^2} ,则 $\int xf'(x)\,\mathrm{d}x=$ _____.

（4）设 $f(\ln x)=x+\ln^2 x$,则 $\int f'(x)\,\mathrm{d}x=$ _____.

（5）在积分曲线族 $\int \ln x\,\mathrm{d}x$ 中,过 $(1,1)$ 点的积分曲线是 $y=$ _____.

（6）设 $\int f(x)\,\mathrm{d}x=\ln x+C$,则 $\int \dfrac{f(\mathrm{e}^{-x})}{\mathrm{e}^x}\mathrm{d}x=$ _____.

（7）若 $f(x)=\mathrm{e}^{-2x}$,则 $\int \dfrac{f'(\ln x)}{x}\mathrm{d}x=$ _____.

（8）设 $f(x)$ 的一个原函数为 $x\ln x$,则 $\int xf(x)\,\mathrm{d}x=$ _____.

2. 计算题:

（1） $\int x\sqrt{x^2+1}\,\mathrm{d}x$;

（2）$\displaystyle\int \frac{\ln x}{x^2}\mathrm{d}x$ ；

（3）$\displaystyle\int \frac{\mathrm{e}^x-1}{\mathrm{e}^x+1}\mathrm{d}x$ ；

（4）$\displaystyle\int \frac{\sin x}{a\sin x+b\cos x}\mathrm{d}x, a\neq 0, b\neq 0$ ；

（5）$\displaystyle\int \cos\sqrt{x}\,\mathrm{d}x$ ；

（6）$\displaystyle\int \frac{\sqrt{a^2-x^2}}{x^2}\mathrm{d}x$ ；

（7）$\int \dfrac{\arctan x}{x^2(1+x^2)}\mathrm{d}x$；

（8）$\int \dfrac{3}{x^3+1}\mathrm{d}x.$

3. 已知 $\dfrac{\sin x}{x}$ 是函数 $f(x)$ 的一个原函数，求 $\int x^3 f'(x)\,\mathrm{d}x.$

4. 设 $f(x)=\begin{cases}\sin 2x, & x<0,\\ 0, & x=0, \\ \ln(2x+1), & x>0,\end{cases}$ 求 $f(x)$ 的原函数.

第五章 定积分

第一节 定积分的概念与性质

1. 填空题：

（1）设 $\int_1^2 f(x)\,dx = 5$，则 $\int_1^2 f(u)\,du = $ _____ ，

$\int_1^2 \sqrt{2} f(t)\,dt = $ _____ ， $\int_2^1 f(x)\,dx = $ _____ ，

$\int_1^2 [-f(u)]\,du = $ _____ ， $\int_1^2 [f(x)+2]\,dx = $ _____ .

（2）假设 $f(x)$ 连续，且 $\int_0^3 f(x)\,dx = 2$，$\int_0^4 f(x)\,dx = 5$，则 $\int_3^4 f(x)\,dx = $ _____ .

（3）$f(x) = \sqrt{1-x^2}$ 在 $[0,1]$ 上的平均值为 _____ .

2. 选择题：

（1）下列各式不正确的是（　　）.

A. $\int_a^b f(x)\,dx = \int_a^b f(u)\,du$　　　　B. $\int_a^b f(x)\,dx + \int_b^a f(x)\,dx = 0$

C. $\int_{-a}^0 f(x)\,dx = \int_0^a f(x)\,dx$　　　　D. $\int_0^a f(x)\,dx + \int_a^0 f(t)\,dt = 0$

（2）定积分的值与下述哪个因素无关（　　）.

A. 积分变量　　　　　　　　　B. 被积函数

C. 积分区间的长度　　　　　　D. 积分区间的位置

3. 利用定义计算定积分 $\int_0^1 x\,dx$.

4. 画出被积函数的图像, 利用定积分的几何意义求积分的值.

(1) $\displaystyle\int_{-1}^{2} (2x+3)\,\mathrm{d}x$;

(2) $\displaystyle\int_{-2}^{1} |x|\,\mathrm{d}x$;

(3) $\displaystyle\int_{-2}^{2} \sqrt{4-x^2}\,\mathrm{d}x$.

5. 比较下列各对积分的大小.

(1) $\displaystyle\int_{0}^{1} x\,\mathrm{d}x$ 与 $\displaystyle\int_{0}^{1} x^2\,\mathrm{d}x$;

（2）$\int_0^{\frac{\pi}{4}} \arctan x \mathrm{d}x$ 与 $\int_0^{\frac{\pi}{4}} (\arctan x)^2 \mathrm{d}x$；

（3）$\int_3^4 \ln x \mathrm{d}x$ 与 $\int_3^4 (\ln x)^2 \mathrm{d}x$；

（4）$\int_0^{\frac{\pi}{2}} (1-\cos x) \mathrm{d}x$ 与 $\int_0^{\frac{\pi}{2}} \frac{1}{2} x^2 \mathrm{d}x$.

6. 估计下列积分的值.

（1）$\int_0^1 \frac{1}{x^2+1} \mathrm{d}x$；

（2）$\int_0^3 e^{x^2-2x} dx$.

7. 已知函数 $f(x)$ 连续，且 $f(x) = x - \int_0^1 f(x) dx$，求函数 $f(x)$.

8. 设 $f(x)$ 在区间 $[0,1]$ 上连续，在 $(0,1)$ 内可导，且 $2\int_0^{\frac{1}{2}} f(x) dx = f(1)$，证明：在 $(0,1)$ 内至少存在一点 ξ，使 $f'(\xi) = 0$.

第二节　微积分基本公式

1. 填空题：

（1）设 $F(x) = \int_0^x \sin t^2 \mathrm{d}t$，则 $F'(x) = $ _____.

（2）设 $F(x) = \int_x^0 \sin t^2 \mathrm{d}t$，则 $F'(x) = $ _____.

（3）设 $F(x) = \int_0^{x^2} \sin t^2 \mathrm{d}t$，$F'(x) = $ _____.

（4）已知 $F(x) = \int_x^{x^2} \mathrm{e}^{-t^2} \mathrm{d}t$，则 $F'(x) = $ _____.

（5）由参数方程 $\begin{cases} x = \int_0^t \dfrac{1}{\cos u} \mathrm{d}u, \\ y = \int_0^t \tan u \mathrm{d}u \end{cases}$ 所确定的函数的导数 $\dfrac{\mathrm{d}y}{\mathrm{d}x} = $ _____.

（6）已知 $y = \int_0^x x f(t) \mathrm{d}t$，则 $\dfrac{\mathrm{d}y}{\mathrm{d}x} = $ _____.

（7）函数 $F(x) = \int_1^x \left(2 - \dfrac{1}{\sqrt{t}}\right) \mathrm{d}t$　$(x > 0)$ 的单调减少区间为 _____.

2. 求由方程 $\int_0^y t^2 \mathrm{d}t + \int_0^{x^2} \dfrac{\sin t}{\sqrt{t}} \mathrm{d}t = 1$ 确定的函数 $y = y(x)$ 的导数 $\dfrac{\mathrm{d}y}{\mathrm{d}x}$.

3. 求下列极限.

（1）$\lim\limits_{x \to 0} \dfrac{1}{x^3} \int_0^x \left(\dfrac{\sin t}{t} - 1 \right) \mathrm{d}t$；

（2）$\lim\limits_{x \to 0} \dfrac{\left(\int_0^x \ln(1+t)\,\mathrm{d}t \right)^2}{x^4}$.

4. 计算下列定积分.

（1）$\displaystyle\int_0^2 \left(3x - \dfrac{x^3}{4} \right) \mathrm{d}x$；

（2）$\displaystyle\int_0^{\frac{\pi}{4}} \sec x \tan x \, \mathrm{d}x$；

（3）$\int_0^1 2^x e^x dx$；

（4）$\int_1^4 x\left(\sqrt{x}+\dfrac{1}{x^2}\right) dx$；

（5）$\int_{\frac{1}{\sqrt{3}}}^1 \dfrac{1+2x^2}{x^2(1+x^2)} dx$；

（6）$\int_0^2 \dfrac{1}{4+x^2} dx$；

（7）$\int_0^1 \dfrac{x^4}{1+x^2}\mathrm{d}x$；

（8）$\int_{\frac{\pi}{4}}^{\frac{\pi}{3}} \dfrac{1}{\sin^2 x \cos^2 x}\mathrm{d}x$；

（9）$\int_{\frac{\pi}{4}}^{\frac{\pi}{2}} \cot^2 x \mathrm{d}x$；

（10）$\int_0^1 |2x-1|\mathrm{d}x$；

（11）$\int_0^{2\pi} \sqrt{\dfrac{1-\cos 2x}{2}}\,\mathrm{d}x$；

（12）$\int_0^1 |x-t|x\mathrm{d}x$.

5. 设 $f(x)=\begin{cases} \sin x, & 0\leqslant x\leqslant \dfrac{\pi}{2}, \\ 1, & \dfrac{\pi}{2}<x\leqslant \pi, \end{cases}$ 求 $\varPhi(x)=\int_0^x f(t)\,\mathrm{d}t$，并讨论 $\varPhi(x)$ 在区间 $[0,\pi]$ 上的连续性.

6. 设 $f(x)$ 在 $[a,b]$ 上连续，在 (a,b) 内可导，且 $f'(x)\leqslant 0$，$F(x)=\dfrac{1}{x-a}\int_a^x f(t)\,\mathrm{d}t$，证明在 (a,b) 内有 $F'(x)\leqslant 0$.

第三节 定积分的换元法和分部积分法

1. 计算下列定积分.

（1）$\int_0^{\frac{\pi}{3}} \cos\left(x + \frac{\pi}{6}\right) dx$；

（2）$\int_1^2 \frac{1}{(3x-1)^2} dx$；

（3）$\int_1^2 \frac{e^{\frac{1}{x}}}{x^2} dx$；

(4) $\displaystyle\int_0^1 x\sqrt{1-x^2}\,\mathrm{d}x$；

(5) $\displaystyle\int_0^{\frac{\pi}{2}} (1-\cos^3 x)\,\mathrm{d}x$；

(6) $\displaystyle\int_0^{\ln 3} \frac{\mathrm{e}^x}{1+\mathrm{e}^x}\,\mathrm{d}x$；

(7) $\displaystyle\int_0^1 \frac{\mathrm{d}x}{\mathrm{e}^x+\mathrm{e}^{-x}}$；

（8）$\int_0^1 x\sqrt{3-2x}\,\mathrm{d}x$；

（9）$\int_1^{\sqrt{3}} \dfrac{1}{x\sqrt{1+x^2}}\mathrm{d}x$；

（10）$\int_0^3 \mathrm{e}^{|2-x|}\mathrm{d}x$；

（11）设 $f(x) = \begin{cases} 1+x^2, & x<0 \\ \mathrm{e}^x, & x\geqslant 0 \end{cases}$，求 $\int_1^3 f(x-2)\,\mathrm{d}x$.

2. 证明:当 $x>0$ 时,$\dfrac{1}{2}\ln^2 x - \displaystyle\int_1^x \dfrac{\ln t}{1+t}\mathrm{d}t = \int_1^{\frac{1}{x}} \dfrac{\ln t}{1+t}\mathrm{d}t.$

3. 利用分部积分法计算下列定积分.

(1) $\displaystyle\int_0^1 x\mathrm{e}^{-2x}\mathrm{d}x$;

(2) $\displaystyle\int_0^1 x\ln(1+x)\,\mathrm{d}x$;

(3) $\displaystyle\int_0^1 x\arctan x\mathrm{d}x$;

（4）$\int_{-2}^{2}(\,|\,x\,|+x)\,\mathrm{e}^{-\,|\,x\,|}\mathrm{d}x$；

（5）$\int_{0}^{\frac{\pi}{4}}\dfrac{x}{1+\cos 2x}\mathrm{d}x$；

4. 设 $f''(x)$ 在 $[0,1]$ 上连续，且 $f(0)=0$，$f(2)=4$，$f'(2)=2$，求 $\int_{0}^{1}xf''(2x)\mathrm{d}x$.

第四节　反常积分

1. 选择题：

（1）下列积分中不是反常积分的是（　　）.

A. $\int_1^e \dfrac{\mathrm{d}x}{x\ln x}$

B. $\int_{-2}^{-1} \dfrac{\mathrm{d}x}{x}$

C. $\int_0^1 \dfrac{\mathrm{d}x}{1-\mathrm{e}^x}$

D. $\int_0^{\frac{\pi}{2}} \dfrac{\mathrm{d}x}{\cos x}$

（2）下列反常积分发散的是（　　）.

A. $\int_1^{+\infty} \dfrac{\mathrm{d}x}{x}$

B. $\int_1^{+\infty} \dfrac{\mathrm{d}x}{x\sqrt{x}}$

C. $\int_1^{+\infty} \dfrac{\mathrm{d}x}{x^2}$

D. $\int_1^{+\infty} \dfrac{\mathrm{d}x}{x^2\sqrt{x}}$

（3）下列各项正确的是（　　）.

A. 当 $f(x)$ 为奇函数时，$\int_{-\infty}^{+\infty} f(x)\,\mathrm{d}x = 0$

B. $\int_0^4 \dfrac{1}{(x-3)^2}\mathrm{d}x = \dfrac{-1}{x-3}\Big|_0^4 = -\dfrac{4}{3}$

C. 反常积分 $\int_a^{+\infty} bf(x)\,\mathrm{d}x$ 与 $\int_a^{+\infty} f(x)\,\mathrm{d}x$ 有相同的收敛性

D. $\int_0^{+\infty} \dfrac{\arctan x}{(1+x^2)^{\frac{3}{2}}}\mathrm{d}x \xlongequal{x=\tan u} \int_0^{\frac{\pi}{2}} \dfrac{u\sec^2 u}{\sec^3 u}\mathrm{d}u = \int_0^{\frac{\pi}{2}} u\cos u\,\mathrm{d}u$

$= \int_0^{\frac{\pi}{2}} u\mathrm{d}\sin u = u\sin u\big|_0^{\frac{\pi}{2}} - \int_0^{\frac{\pi}{2}} \sin u\,\mathrm{d}u = \dfrac{\pi}{2} - 1$

2. 判定下列各反常积分的收敛性,如果收敛,计算反常积分的值.

（1）$\displaystyle\int_{\frac{2}{\pi}}^{+\infty}\frac{1}{x^2}\sin\frac{1}{x}dx$；

（2）$\displaystyle\int_{1}^{+\infty}\frac{\ln x}{x^2}dx$；

（3）$\displaystyle\int_{0}^{+\infty}\frac{x}{(1+x)^3}dx$；

（4）$\displaystyle\int_{-\infty}^{+\infty}\sin x\,dx$；

（5）$\displaystyle\int_{0}^{+\infty}e^{-\sqrt{x}}dx$；

（6）$\int_0^1 \dfrac{x}{1-x^2}\mathrm{d}x$；

（7）$\int_1^e \dfrac{1}{x\sqrt{1-(\ln x)^2}}\mathrm{d}x$；

（8）$\int_0^1 \dfrac{\mathrm{d}x}{(2-x)\sqrt{1-x}}$．

3. 利用递推公式计算反常积分 $I_n = \int_0^1 \ln^n x\,\mathrm{d}x$．

*第五节　反常积分的审敛法　Γ 函数

1. 判定下列反常积分的收敛性.

（1）$\int_{0}^{+\infty} \dfrac{\sqrt{x^3}}{x^3+2x+3}\,\mathrm{d}x$；

（2）$\int_{0}^{+\infty} \dfrac{\mathrm{d}x}{1+\sqrt[3]{x}+\sqrt{x}}$；

（3）$\int_{1}^{+\infty} \dfrac{x}{(x^2+1)\arctan x}\,\mathrm{d}x$；

（4）$\displaystyle\int_1^{+\infty}\frac{1}{1+x^2}\sin\frac{1}{x}\mathrm{d}x$；

（5）$\displaystyle\int_1^2\frac{x^2-1}{\ln^2 x}\mathrm{d}x$；

（6）$\displaystyle\int_1^3\frac{1}{\sqrt[5]{x^2-4x+3}}\mathrm{d}x.$

2. 用 Γ 函数表示下列积分并计算积分值.

（1）$\displaystyle\int_0^{+\infty}x^3\mathrm{e}^{-x}\mathrm{d}x$；

（2）$\int_0^{+\infty} x^6 e^{-2x} dx$;

（3）$\int_0^{+\infty} e^{-\sqrt[3]{x}} dx$;

（4）$\int_0^1 \left(\ln \dfrac{1}{x}\right)^4 dx$.

第五章综合练习题

1. 填空题:

(1) $\int_{-2}^{2} \sqrt{4-x^2}\, \mathrm{d}x =$ _____.

(2) 比较积分大小: $\int_{0}^{1} \ln(1+x)\, \mathrm{d}x$ _____ $\int_{0}^{1} x\, \mathrm{d}x$.

(3) $\int_{-1}^{1} \dfrac{\sin^{2021} x+1}{1+x^2}\, \mathrm{d}x =$ _____.

(4) 曲线 $y = \int_{0}^{x} (t-1)(t-2)\, \mathrm{d}t$ 在点 $(0,0)$ 处的切线方程为 _____.

(5) 函数 $f(x)=2^x$ 在 $[0,2]$ 上的平均值为 _____.

(6) 已知 $\int_{a}^{b} \dfrac{f(x)}{f(x)+g(x)}\, \mathrm{d}x = 1$, 则 $\int_{a}^{b} \dfrac{g(x)}{f(x)+g(x)}\, \mathrm{d}x =$ _____.

2. 选择题:

(1) 下列结论正确的是(　　　　).

A. 若 $[c,d] \subseteq [a,b]$, 则必有 $\int_{c}^{d} f(x)\, \mathrm{d}x \leqslant \int_{a}^{b} f(x)\, \mathrm{d}x$

B. 若 $f(x) \leqslant g(x)$, 则必有 $\int_{a}^{b} f(x)\, \mathrm{d}x \leqslant \int_{a}^{b} g(x)\, \mathrm{d}x$

C. $\int_{0}^{n\pi} |\sin x|\, \mathrm{d}x = n \int_{0}^{\pi} \sin x\, \mathrm{d}x$

D. $\int_{0}^{n\pi} \sin x\, \mathrm{d}x = n \int_{0}^{\pi} \sin x\, \mathrm{d}x$

(2) 下列反常积分收敛的是(　　　　).

A. $\int_{1}^{+\infty} \dfrac{1}{x^3}\, \mathrm{d}x$ 　　　　 B. $\int_{1}^{+\infty} \dfrac{1}{\sqrt[3]{x}}\, \mathrm{d}x$ 　　　　 C. $\int_{0}^{1} \dfrac{1}{x^3}\, \mathrm{d}x$ 　　　　 D. $\int_{0}^{1} \dfrac{1}{\sqrt{x^3}}\, \mathrm{d}x$

(3) $\lim\limits_{x \to 0} \dfrac{\int_{0}^{x} \cos t^2\, \mathrm{d}t}{x} = ($ 　　　　 $)$.

A. 0 　　　　　　 B. ∞ 　　　　　　 C. -1 　　　　　　 D. 1

（4）设在 $[a,b]$ 上，$f(x)>0$，$f'(x)<0$，$f''(x)>0$，令 $s_1=\displaystyle\int_a^b f(x)\,\mathrm{d}x$，$s_2=f(b)(b-a)$，

$s_3=\dfrac{1}{2}[f(a)+f(b)](b-a)$，则（　　　）.

A. $s_1<s_2<s_3$ 　　　　　　　　　　B. $s_2<s_1<s_3$

C. $s_3<s_1<s_2$ 　　　　　　　　　　D. $s_2<s_3<s_1$

3. 求下列积分.

（1）$\displaystyle\int_0^{\frac{\pi}{2}} \cos^5 x\sin x\,\mathrm{d}x$；

（2）$\displaystyle\int_0^4 \frac{x+2}{\sqrt{2x+1}}\,\mathrm{d}x$；

（3）$\displaystyle\int_1^4 \frac{\ln x}{\sqrt{x}}\,\mathrm{d}x$；

（4）$\displaystyle\int_0^{\frac{\pi}{4}} x\tan x\sec^2 x\,\mathrm{d}x$；

（5）$\displaystyle\int_{2}^{+\infty}\frac{1}{x^{2}+x-2}\mathrm{d}x.$

4. 解答题：

（1）求极限 $\displaystyle\lim_{n\to\infty}\frac{1}{n}\left(\frac{1}{\sqrt{n^{2}+1}}+\frac{2}{\sqrt{n^{2}+4}}+\cdots+\frac{n}{\sqrt{n^{2}+n^{2}}}\right).$

（2）设函数 $f(x)$ 可导，且 $f(0)=0$，$F(x)=\displaystyle\int_{0}^{x}t^{n-1}f(x^{n}-t^{n})\,\mathrm{d}t$，求 $\displaystyle\lim_{x\to0}\frac{F(x)}{x^{2n}}.$

（3）设 $f(x)=\displaystyle\int_{0}^{x}\mathrm{e}^{\cos t}\mathrm{d}t$，求 $\displaystyle\int_{0}^{\pi}f(x)\cos x\mathrm{d}x.$

5. 设函数 $f(x) = \int_1^{x^2} (x^2 - t) e^{-t^2} dt$,问当 x 为何值时,$f(x)$ 取极大值或极小值.

6. 设函数 $f(x)$ 在 $[0,1]$ 上连续,在 $(0,1)$ 内可导,且 $f(0) = 3\int_{\frac{2}{3}}^1 f(x) dx$,证明:在 $(0,1)$ 内,至少存在一点在 ξ,使 $f'(\xi) = 0$.

7. 设 $f(x)$ 在 $[0,1]$ 上连续且单调减少,又设 $f(x) > 0$,证明对于任意满足 $0 < \alpha < \beta < 1$ 的 α 和 β,恒有 $\beta \int_0^{\alpha} f(x) dx > \alpha \int_0^{\beta} f(x) dx$.

第六章　定积分的应用

第一节　定积分的元素法

1. 填空题：

（1）设 $f(x)$ 在区间 $[a,b]$ 上连续且 $f(x) \geqslant 0$，以曲线 $y=f(x)$ 为曲边、$[a,b]$ 为底的曲边梯形面积 A 可以表示为定积分＿＿＿＿＿＿＿＿＿.

（2）对于能用定积分表示的量 U，确定积分表达式的步骤是：

① ＿＿＿＿＿＿＿＿＿＿＿＿＿＿＿＿＿＿＿＿＿＿＿＿＿＿＿＿＿＿＿；

② ＿＿＿＿＿＿＿＿＿＿＿＿＿＿＿＿＿＿＿＿＿＿＿＿＿＿＿＿＿＿＿；

③ ＿＿＿＿＿＿＿＿＿＿＿＿＿＿＿＿＿＿＿＿＿＿＿＿＿＿＿＿＿＿＿.

（3）计算曲线 $y=\dfrac{1}{1+x^2}$，直线 $x=0$，$x=1$ 与 x 轴所围成的平面图形的面积 A 时，取＿＿＿＿＿＿为积分变量，其变化区间为＿＿＿＿＿＿，面积元素 $\mathrm{d}A=$＿＿＿＿＿＿.

2. 曲线 $y=(x+1)x(x-2)$ $(-1 \leqslant x \leqslant 2)$ 与 x 轴围成的平面图形面积的积分表达式为（　　）.

A. $\displaystyle\int_{-1}^{2}(x+1)x(x-2)\,\mathrm{d}x$

B. $\displaystyle\int_{-1}^{2}(x+1)x\,|\,x-2\,|\,\mathrm{d}x$

C. $\displaystyle\int_{-1}^{2}\,|\,x+1\,|\,x(2-x)\,\mathrm{d}x$

D. $\displaystyle\int_{-1}^{2}(x+1)\,|\,x\,|\,(2-x)\,\mathrm{d}x$

第二节　定积分在几何学上的应用

1. 求由下列各曲线所围成图形的面积.

（1）$y = 4 - x^2$ 与 $y = 0$.

（2）$y = \dfrac{1}{x}$ 与直线 $y = x$ 及 $x = 2$.

（3）$y = \ln x$，y 轴与直线 $y = 0$ 及 $y = \mathrm{e}$.

（4）曲线 $\rho(1+\cos\theta)=3$ 与直线 $\rho\cos\theta=1$.

2. 求由 $y=x^2-x+2$ 与它的通过坐标原点的两条切线所围成的图形的面积.

3. 求下列曲线围成的图形绕指定轴旋转所得旋转体的体积.

（1）$(x-2)^2+y^2=1$, 绕 x 轴.

（2）$y=\sqrt{x}$, $y=x-2$ 及 $y=0$, 绕 x 轴.

（3）$y = \ln x, y = 1, y = 0$ 及 $x = 0$, 绕 y 轴.

（4）$y = x^3, x = 2$ 及 $y = 0$, 绕 y 轴.

4. 证明: 半径为 R, 高为 h 的球缺的体积公式 $V = \pi h^2 \left(R - \dfrac{h}{3} \right)$.

5. 计算以椭圆 $\dfrac{x^2}{100} + \dfrac{y^2}{25} = 1$ 为底, 垂直于长轴的截面为等边三角形的立体（如图 6-1）

的体积.

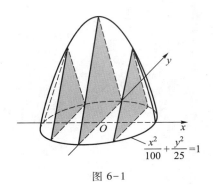

图 6-1

6. 求曲线 $y=\ln(1-x^2)$ 上 $0 \leqslant x \leqslant \dfrac{1}{2}$ 一段弧的长度.

7. 计算星形线 $x=a\cos^3 t, y=a\sin^3 t$ 相应于 $0 \leqslant t \leqslant \dfrac{\pi}{2}$ 的一段弧长.

8. 计算心形线 $\rho=a(1+\cos\theta)$ 相应于 $0 \leqslant \theta \leqslant \pi$ 的一段弧长.

9. 证明:半径为 R 的圆周长为 $2\pi R$.

第三节　定积分在物理学上的应用

1. 一物体在大小为 $F(x) = \dfrac{1}{4+x^2}$ 的力的作用下从 $x = 0$ 沿直线移动到 $x = 2$，力 $\boldsymbol{F}$ 的方向指向 x 轴正向，求力 $\boldsymbol{F}$ 在物体移动过程中所做的功.

2. 半径为 5 m，深为 2 m 的圆锥形（锥顶向下）蓄水池，盛满水，今将这一池水全部抽至离池面 5 m 高的水塔内，问需做多少功？

3. 一个横放着的椭圆柱体水箱,其端面为椭圆(其水平半轴为 4 m,铅直半轴为 3 m),当水箱装了半箱水时,计算水箱的一个端面所受的水压力.

4. 设小棒位于 $y=x+1(0 \leqslant x \leqslant 1)$ 上,且小棒每一点处的线密度 μ 的大小等于该点到原点距离的立方,在原点 O 处有一质量为 m 的质点,求该小棒对这质点的引力.

第六章综合练习题

1. 填空题：

（1）介于 $x=0$，$x=\pi$ 之间由曲线 $y=\sin x$，$y=\cos x$ 所围图形的面积 $A=$ _____．

（2）由曲线 $y=x^2+1\,(x\geqslant 0)$，y 轴以及该曲线过原点的切线所围图形绕 y 轴旋转一周所得旋转体的体积 $V=$ _____．

（3）曲线 $\begin{cases} x=\cos^3 t, \\ y=\sin^3 t \end{cases}$ 上相应于 $t\in\left[0,\dfrac{\pi}{2}\right]$ 的一段弧的长度为 _____．

（4）一物体按规律 $x=t^2$ 做直线运动，介质阻力等于速度的平方，物体由 $x=0$ 移动到 $x=1$ 时，克服介质阻力所做的功为 _____．

2. 选择题：

（1）设由曲线 $y=x^2$ 及直线 $x=2$，$y=1$ 围成的平面图形面积为 A，则下列各式中不正确的是（　　）．

A. $A=\displaystyle\int_1^4 (2-\sqrt{y})\,\mathrm{d}y$ 　　　　 B. $A=\displaystyle\int_1^2 (x^2-1)\,\mathrm{d}x$

C. $A=\displaystyle\int_1^4 (\sqrt{y}-2)\,\mathrm{d}y$ 　　　　 D. $A=\displaystyle\int_0^2 x^2\,\mathrm{d}x-\displaystyle\int_0^1 (2-\sqrt{y})\,\mathrm{d}y$

（2）曲线 $\rho=2a\cos\theta$ 所围面积 $A=$（　　　）．

A. $\displaystyle\int_0^{\frac{\pi}{2}} \frac{1}{2}(2\cos\theta)^2\,\mathrm{d}\theta$ 　　　　 B. $\displaystyle\int_{-\pi}^{\pi} \frac{1}{2}(2\cos\theta)^2\,\mathrm{d}\theta$

C. $\displaystyle\int_0^{2\pi} \frac{1}{2}(2\cos\theta)^2\,\mathrm{d}\theta$ 　　　　 D. $2\displaystyle\int_0^{\frac{\pi}{2}} \frac{1}{2}(2\cos\theta)^2\,\mathrm{d}\theta$

（3）曲线 $y=\sin x$ 的一个周期的弧长等于椭圆 $2x^2+y^2=2$ 的周长的（　　　）．

A. 1 倍 　　　　　　　　　　 B. 2 倍

C. 3 倍 　　　　　　　　　　 D. 4 倍

3. 设曲线 $y=a\sqrt{x}\,(a>0)$ 与曲线 $y=\ln\sqrt{x}$ 在点 (x_0,y_0) 处有公共切线，求：

（1）常数 a 及点 (x_0,y_0)；

（2）这两条曲线围成的平面图形在第一象限部分 D 的面积；

（3）上述平面图形绕 x 轴旋转一周所得旋转体的体积.

4. 求曲线 $\theta = \dfrac{1}{2}\left(\rho + \dfrac{1}{\rho}\right)$ （ $1 \leqslant \rho \leqslant 2$ ）的弧长.

5. 一半径为 R m 的球形储水箱内装满了水，如果把箱内的水从顶部全部吸出，需要做多少功？

6. 设 D_1 是由抛物线 $y=2x^2$ 和直线 $x=a$ 及 $y=0$ 所围成的平面区域；D_2 是由抛物线 $y=2x^2$ 和直线 $x=a$，$x=2$ 及 $y=0$ 所围成的平面区域，其中 $0<a<2$.

（1）试求 D_1 绕 y 轴旋转一周所得旋转体体积 V_1，D_2 绕 x 轴旋转一周所得旋转体体积 V_2；

（2）问当 a 为何值时，V_1+V_2 取得最大值？试求此最大值.

第七章 微分方程

第一节 微分方程的基本概念

1. 填空题:

(1) 微分方程 $x^2y'''+y''+(y')^3+2y^2=0$ 的阶是_____.

(2) 若 $y=(Ax+B)e^x$ 是微分方程 $y''-2y'=xe^x$ 的一个特解,则 $A=$ _____,$B=$ _____.

(3) 通过坐标系的原点且与微分方程 $\dfrac{dy}{dx}=x+1$ 的一切积分曲线均正交的曲线方程是_____.

2. 选择题:

(1) 某种气体的气压 P 对于温度 T 的变化率与气压成正比,与温度的平方成反比. 将此问题用微分方程可表示为( ).

A. $\dfrac{dP}{dT}=\dfrac{P}{T^2}$ 　　　　 B. $\dfrac{dP}{dT}=PT^2$ 　　　　 C. $dP=k\dfrac{P}{T^2}dT$ 　　　　 D. $dP=-\dfrac{P}{T^2}dT$

(2) 设 $y=f(x)$ 是方程 $y''-2y'+4y=0$ 的一个解,若 $f(x_0)>0$,且 $f'(x_0)=0$,则函数 $f(x)$ 在点 x_0( ).

A. 取得极大值 　　　　　　　　 B. 取得极小值

C. 某个邻域内单调增加 　　　　 D. 某个邻域内单调减少

3. 写出下列问题所确定的微分方程.

(1) 已知曲线 $y=f(x)$ 过点 $A(1,1)$,并且曲线上任意点 (x,y) 处的切线的斜率为 $x\ln x$,求 $y=f(x)$ 满足的微分方程.

（2）由曲线 $y=f(x)$ 上任意点引法线，在纵轴上截得的截距长度等于该点到坐标原点的距离的 2 倍，求 $y=f(x)$ 满足的微分方程.

（3）已知函数 $y=f(x)$ 在 $[1,+\infty)$ 上连续，若由曲线 $y=f(x)$，直线 $x=1,x=t(t>1)$ 与 x 轴所围平面图形绕 x 轴旋转一周形成的旋转体体积为 $V(t)=\pi[tf(t)-1]$，求 $f(x)$ 所满足的微分方程.

（4）已知曲线族方程为 $(x+C)^2+y^2=1$，求它相应的微分方程（其中 C 为任意常数）.

4. 验证下列各题所给出的隐函数是微分方程的解.
（1）$x^2-xy+y^2=C,(x-2y)y'=2x-y$；

（2）$\int_0^y e^{-\frac{t^2}{2}}\mathrm{d}t+x=1,y''=y(y')^2$.

第二节　可分离变量的微分方程

1. 填空题：

（1）微分方程 $y'\cos^2 x = y\ln y$ 满足初值条件 $y(0) = e$ 的特解是_____.

（2）微分方程 $y' = e^{x+2y}$ 的通解为_____.

（3）微分方程 $\cos x\sin y\,dy = \sin x\cos y\,dx$ 满足初值条件 $y(0) = \dfrac{\pi}{3}$ 的特解是

_____.

2. 选择题：

（1）下列方程可分离变量的是（　　　）.

A. $\sin(xy)\,dx + e^y\,dy = 0$ 　　　　　　　B. $x\sin y\,dx + y^2\,dy = 0$

C. $(xy+1)\,dx + y^2\,dy = 0$ 　　　　　　　D. $\sin(x+y)\,dx + e^{xy}\,dy = 0$

（2）方程 $2y\,dy - dx = 0$ 的通解是（　　　）.

A. $y^2 - x = C$ 　　　B. $y - \sqrt{x} = C$ 　　　C. $y = x + C$ 　　　D. $y = -x + C$

（3）方程 $y' = 3y^{\frac{2}{3}}$ 的一个特解是（　　　）.

A. $y = (x+2)^3$ 　　　B. $y = x^3 + 1$ 　　　C. $y = (x+C)^3$ 　　　D. $y = C(x+1)^3$

3. 求解下列可分离变量的微分方程.

（1）$x^2 y\,dx = (1+x^2)(1-y^2)\,dy$；

（2）$(e^{x+y} - e^x)\,dx + (e^{x+y} + e^y)\,dy = 0$；

（3）$\tan y \mathrm{d}x - \cos x \mathrm{d}y = 0$；

（4）$y - xy' = a(y^2 + y')$.

4. 设质量为 m 的物体自由下落，所受空气阻力与速度成正比，并设开始下落时（$t = 0$）速度为 0，求物体速度 v 与时间 t 的函数关系.

5. 有一种医疗手段，是把示踪染色注射到胰脏里去，以检查其功能是否正确. 胰脏每分钟吸收掉 40% 染色，现内科医生给某人注射了 0.3 g 染色，30 分钟后剩下 0.1 g，试求注射染色后 t 分钟，正常胰脏中染色量 $p(t)$ 随时间 t 变化的规律，问此人胰脏是否正常？

第三节　齐次方程

1. 填空题:

(1) 微分方程 $(x+y)\mathrm{d}y-y\mathrm{d}x=0$ 的通解是_____.

(2) 已知函数 $y(x)$ 满足微分方程 $xy'=y\ln\dfrac{y}{x}$, 及初值条件 $y(1)=\mathrm{e}^2$, 则 $y(x)=$ _____, $y(-1)=$ _____.

2. 选择题:

(1) 下列是齐次方程的是(　　　).

A. $y'=\dfrac{y^2}{x+y}$ 　　　　B. $y'=\dfrac{x^3}{x^2+y}$ 　　　　C. $y'=\dfrac{\mathrm{e}^{x+y}}{x}$ 　　　　D. $y'=\dfrac{x+y}{x}$

*(2) 方程 $(x+1)(y^2+1)\mathrm{d}x+y^2x^2\mathrm{d}y=0$ 是(　　　).

A. 齐次方程　　　　　　　　　　B. 二阶方程

C. 可化为齐次的方程　　　　　　D. 可分离变量方程

3. 求解下列微分方程.

(1) $y'-\dfrac{y}{x}=\tan\dfrac{y}{x}$;

(2) $(3x^2+2xy-y^2)\mathrm{d}x+(x^2-2xy)\mathrm{d}y=0$.

（3）求方程 $x(\ln x - \ln y)y' - y = 0$ 的通解.

4. 试用 $u = x - y$ 的换元法求解微分方程 $y' = (x - y + 1)^2$.

*5. 将微分方程 $(2x - 4y + 6)\mathrm{d}x + (x + y - 3)\mathrm{d}y = 0$ 化为齐次方程,并求通解.

第四节　一阶线性微分方程

1. 填空题：

（1）方程 $x(y'-1)=y$ 的通解是_____.

（2）$(x^2-1)y'+2xy-\cos x=0$ 满足 $y(0)=1$ 的特解为_____.

（3）设 $\int_0^x f(t)\,dt=f(x)-e^x$，则 $f(x)=$_____.

2. 选择题：

（1）下列是线性微分方程的是（　　　）.

A. $y''+y'=(\sin x)y+e^x$　　　　　　　B. $y'=x\sin y+e^x+y''$

C. $y''=x\sin x+e^y$　　　　　　　　　　D. $y''+xy'=(\cos y)^2$

（2）下列为一阶线性微分方程的是（　　　）.

A. $y'+yx=e^y\ln y$　　　B. $y'+y^2x=y$　　　C. $xy'+e^xy=x$　　　D. $y'+\dfrac{y}{x}=\left(\dfrac{y}{x}\right)^2$

3. 求解下列微分方程.

（1）$y'-\dfrac{y}{x}=x^2$；

（2）$(x+1)y'-2y=(x+1)^{\frac{7}{2}}$；

（3）$\dfrac{dy}{dx}=\dfrac{y}{x+y^2}$；

（4）$2x\mathrm{d}y+y\mathrm{d}x=2\ln y\mathrm{d}y$.

4. 设 $f(x)\cos x+2\displaystyle\int_0^x f(t)\sin t\mathrm{d}t=x+1$，其中 $f(x)$ 为可导函数，求 $f(x)$.

5. 设 $y(x)$ 在 $[0,+\infty)$ 上连续可微，且 $\displaystyle\lim_{x\to+\infty}[y'(x)+y(x)]=0$，证明 $\displaystyle\lim_{x\to+\infty}y(x)=0$.

*6. 求伯努利方程 $y'+\dfrac{y}{x}=x^2y^6$ 的通解.

*7. 求微分方程 $x^2y'+xy=y^2$ 满足 $y(1)=1$ 的特解.

第五节　可降阶的高阶微分方程

1. 填空题：

（1）微分方程 $y^{(4)} = \sin x$ 的通解为 $y =$ _____ .

（2）$y'' = \sin y$ 经过变换 _____ ，可化为一阶微分方程 _____ .

2. 求下列微分方程的通解.

（1）$y'' = 2x\ln x$;

（2）$xy'' + y' = 4x$;

（3）$y'' = (y')^3 + y'$.

3. 求下列微分方程的特解.

（1）$2yy'' = 1 + y'^2$，$y\big|_{x=0} = 1$，$y'\big|_{x=0} = 0$；

（2）$yy'' = 2(y'^2 - y')$，$y\big|_{x=0} = 1$，$y'\big|_{x=0} = 2$；

（3）$y'' - \dfrac{1}{x+1}y' = x^2 + x$，$y(0) = y'(0) = 0$.

第六节　高阶线性微分方程

1. 选择题：

（1）若 y_1 和 y_2 是二阶齐次线性微分方程 $y''+P(x)y'+Q(x)y=0$ 的两个特解，则 $y=C_1y_1+C_2y_2$（其中 C_1，C_2 为任意常数）（　　　）.

A. 是该方程的通解

B. 是该方程的解

C. 是该方程的特解

D. 不一定是该方程的解

（2）设 y_1，y_2 是方程 $y''+ay'+by=f(x)$ 的两个特解，则下列结论正确的是（　　　）.

A. y_1+y_2 是该方程的解

B. y_1+y_2 是对应齐次方程 $y''+ay'+by=0$ 的解

C. y_1-y_2 是该方程的解

D. y_1-y_2 是对应齐次方程 $y''+ay'+by=0$ 的解

（3）设 y_1，y_2，y_3 是 $y''+P(x)y'+Q(x)y=f(x)$ 的解，C_1，C_2 为任意常数，则对应齐次方程的通解为（　　　）.

A. $C_1y_1+C_2y_2+y_3$

B. $C_1y_1+C_2y_2-(C_1+C_2)y_3$

C. $C_1y_1+C_2y_2-(1-C_1-C_2)y_3$

D. $C_1y_1+C_2y_2+(1-C_1-C_2)y_3$

（4）下列函数组线性无关的是（　　　）.

A. x，$x+1$，$x-1$

B. 0，x，x^2，x^3

C. e^{2+x}，e^{x-2}

D. e^{x-2}，e^{2-x}

2. 验证：$y=C_1\cos \omega t+C_2\sin \omega t$（$C_1$，$C_2$ 为任意常数）是微分方程 $y''+\omega^2 y=0$ 的通解.

3. 已知二阶线性微分方程 $y''+p(x)y'+q(x)y=f(x)$ 的三个特解是 $y_1=x$, $y_2=x^2$, $y_3=e^{3x}$, 试求此方程满足 $y(0)=0$, $y'(0)=3$ 的特解.

*4. 已知齐次线性方程 $xy''-y'=0$ 的通解为 $y=C_1+C_2x^2$, C_1, C_2 为任意常数, 求非齐次线性方程 $xy''-y'=x^2$ 的通解.

第七节　常系数齐次线性微分方程

1. 填空题：

（1）设 e^{-x} 与 $(3x+2)e^{-x}$ 是方程 $y''+ay'+by=0$ 的两个解，则 $a=$ _____，$b=$ _____.

（2）设 $e^x\cos x$ 与 xe^{-2x} 是一个四阶常系数微分方程的两个解，则这个微分方程的表达式为_____.

（3）微分方程 $y''+y'=0$ 满足条件 $y(0)=y'(0)=1$ 的特解为_____.

2. 求下列微分方程的通解.

（1）$y''-5y'+6y=0$；

（2）$y''+4y'+4y=0$；

（3）$y''+9y=0$；

（4）$y^{(4)}+2y''+y=0.$

3. 求下列微分方程的特解.

（1）$y''-4y'+3y=0,y\mid_{x=0}=6,y'\mid_{x=0}=10;$

（2）$y''+25y=0,y\mid_{x=0}=2,y'\mid_{x=0}=5;$

（3）$y''-6y'+9y=0,y\mid_{x=0}=0,y'\mid_{x=0}=3.$

第八节 常系数非齐次线性微分方程

1. 填空题：

（1）微分方程 $y''-5y'-6y=xe^{-x}$ 的特解可设为_____.

（2）微分方程 $y''-5y'-6y=e^x$ 的特解可设为_____.

（3）微分方程 $y''-5y'-6y=\sin x$ 的特解可设为_____.

2. 选择题：

（1）方程 $y''-3y'+2y=e^x\cos 2x$ 的一个特解形式是（   ）.

A. $y=A_1e^x\cos 2x$ B. $y=A_1xe^x\cos 2x+B_1xe^x\sin 2x$

C. $y=A_1e^x\cos 2x+B_1e^x\sin 2x$ D. $y=A_1x^2e^x\cos 2x+B_1x^2e^x\sin 2x$

（2）微分方程 $y''-4y'-5y=e^{-x}+\sin 5x$ 的特解形式为（   ）.

A. $ae^{-x}+b\sin 5x$ B. $ae^{-x}+b\cos 5x+c\sin 5x$

C. $axe^{-x}+b\sin 5x$ D. $axe^{-x}+b\cos 5x+c\sin 5x$

3. 求解下列微分方程.

（1）$y''-2y'+y=xe^x-e^x$；

（2）$y''-3y'+2y=2e^x, y(0)=0, y'(0)=1$；

（3）$y'' + 4y = \dfrac{1}{2}(x + \cos 2x)$；

（4）$y'' - 6y' + 9y = xe^{3x}, y(0) = 1, y'(0) = 0.$

[*] 第 九 节　欧 拉 方 程

[*]1. 求微分方程 $x^2 y'' + 3xy' + y = 0$ 的通解.

[*]2. 求微分方程 $y'' - \dfrac{y'}{x} + \dfrac{y}{x^2} = \dfrac{2}{x}$ 的通解.

[*]3. 求微分方程 $x^3 y''' - x^2 y'' + 2xy' - 2y = x^3$ 的通解.

[*]第十节　常系数线性微分方程组解法举例

[*]1. 求解微分方程组 $\begin{cases} \dfrac{\mathrm{d}x}{\mathrm{d}t} + \dfrac{\mathrm{d}y}{\mathrm{d}t} = -x + y + 3, \\[3mm] \dfrac{\mathrm{d}x}{\mathrm{d}t} - \dfrac{\mathrm{d}y}{\mathrm{d}t} = x + y - 3. \end{cases}$

[*]2. 求解微分方程组 $\begin{cases} \dfrac{\mathrm{d}x}{\mathrm{d}t} + 2\dfrac{\mathrm{d}y}{\mathrm{d}t} + y = 0, \\[3mm] 3\dfrac{\mathrm{d}x}{\mathrm{d}t} + 4\dfrac{\mathrm{d}y}{\mathrm{d}t} + 2x + 3y = t. \end{cases}$

[*]3. 求解微分方程组 $\begin{cases} \dfrac{\mathrm{d}^2 x}{\mathrm{d}t^2} - 3x - 4y = 0, \\[3mm] \dfrac{\mathrm{d}^2 y}{\mathrm{d}t^2} + x + y = 0. \end{cases}$

第七章综合练习题

1. 填空题：

（1）连续函数 $f(x)$ 满足 $f(x)=\int_0^{2x}f\left(\dfrac{t}{2}\right)\mathrm{d}t+\ln 2$，则 $f(x)$ 的非积分表达式为

_____.

（2）函数 $y=y(x)$ 的图形在点 $(0,-2)$ 处的切线为 $2x-3y=6$，且 $y(x)$ 满足微分方程 $y''=6x$，则此函数为_____.

（3）微分方程 $y'+y\tan x=\cos x$ 满足 $y|_{x=0}=1$ 的特解为_____.

（4）微分方程 $y''-2y'+2y=\mathrm{e}^x$ 的通解为_____.

2. 选择题：

（1）方程 $(x+1)(y^2+1)\mathrm{d}x+y^2x^2\mathrm{d}y=0$ 是（　　　）.

A. 齐次方程 　　　　　　　　　　B. 伯努利方程

C. 线性非齐次方程 　　　　　　　D. 可分离变量方程

（2）方程 $(x+y)y'=x\arctan\dfrac{y}{x}$ 是（　　　）.

A. 齐次方程 　　　　　　　　　　B. 伯努利方程

C. 线性非齐次方程 　　　　　　　D. 可分离变量方程

（3）方程 $(y-\ln x)\mathrm{d}x+x\mathrm{d}y=0$ 是（　　　）.

A. 非线性方程 　　　　　　　　　B. 伯努利方程

C. 一阶线性非齐次方程 　　　　　D. 一阶线性齐次方程

（4）设 $y=f(x)$ 是满足微分方程 $y''+2y'=\dfrac{\mathrm{e}^x}{1+x^2}$ 的解，并且 $f'(x_0)=0$，则 $f(x)$（　　　）.

A. 在 x_0 的某个邻域内单调增加 　　B. 在 x_0 的某个邻域内单调减少

C. 在 x_0 取得极小值 　　　　　　　D. 在 x_0 取得极大值

（5）满足微分方程 $y''-y=x$，且在原点处有拐点、在原点以 x 轴为切线的积分曲线为（　　　）.

A. $y=\dfrac{\mathrm{e}^x-\mathrm{e}^{-x}}{2}-x$ 　　　　　　　B. $y=C_1\mathrm{e}^{-x}+C_2\mathrm{e}^x-x$

C. $y = \dfrac{e^x - e^{-x}}{2} + C_3 - x$ 　　　　　　　　　　D. $y = \dfrac{e^x + e^{-x}}{2} - x$

3. 计算题：

（1）求微分方程 $\dfrac{\mathrm{d}y}{\mathrm{d}x} - \dfrac{2}{x+1}y = (x+1)^3$ 的通解.

（2）求微分方程 $xy' = y(1 + \ln y - \ln x)$ 满足初值条件 $y\big|_{x=1} = e$ 的特解.

（3）设 $\varphi(x)$ 满足微分方程 $\varphi''(x) - 3\varphi'(x) + 2\varphi(x) = x e^{2x}$，求 $\varphi(x)$.

（4）求函数 $f(x)$，使其满足 $f(x) = 2\displaystyle\int_0^x f(t)\,\mathrm{d}t + x^2$.

4. 综合题：

（1）设 $y'+P(x)y'=f(x)$ 有一特解 $\dfrac{1}{x}$，对应的齐次方程有一特解为 x^2，试求：$P(x)$ 与 $f(x)$ 的表达式以及此方程的通解.

（2）在过原点和点 $(2,3)$ 的单调光滑曲线上任取一点，作两坐标轴的平行线，其中一条平行线与 x 轴及曲线围成的图形的面积是另一条平行线与 y 轴及曲线围成面积的 2 倍，求此曲线方程.

（3）设物体 A 从点 $(0,1)$ 出发，以速度大小为常数 v 沿 y 轴的正向运动，物体 B 从点 $(-1,0)$ 与 A 同时出发，其速度大小为 $2v$，方向始终指向 A，试建立物体 B 的运动轨迹所满足的微分方程.

高等数学（上册）模拟试卷一

1. 填空题：

（1）若函数 $f(x)=\begin{cases}1, & |x|\leqslant 1,\\ 0, & |x|>1,\end{cases}$ 则 $f[f(x)]=$ _____．

（2）若 $\lim\limits_{x\to\infty}\left(1+\dfrac{5}{x}\right)^{-kx}=e^{-10}$，则 $k=$ _____．

（3）若 $f(x)=\begin{cases}x^2, & x\geqslant 0,\\ -x^2, & x<0,\end{cases}$ 则 $f'(0)=$ _____．

（4）若 $y=\arctan\sqrt{x}$，则 $\mathrm{d}y=$ _____．

（5）曲线 $\sin(xy)+\ln(y-x)=x$ 在点 $(0,1)$ 的切线方程为 _____．

（6）曲线 $y=\dfrac{1}{1+x}$ 的凸区间是 _____．

（7）若 $f(x)$ 为可导的奇函数，且 $f'(x_0)=5$，则 $f'(-x_0)=$ _____．

（8）$\displaystyle\int (f(x)+xf'(x))\,\mathrm{d}x=$ _____．

（9）若 $g(x)=e^{-x}+1$ 是 $f(x)$ 的一个原函数，则 $\displaystyle\int x^2 f(\ln x)\,\mathrm{d}x=$ _____．

（10）微分方程 $(y+x^2 e^{-x})\,\mathrm{d}x-x\,\mathrm{d}y=0$ 的通解是 _____．

2. 计算题：

（1）求极限 $\lim\limits_{x\to+\infty}\dfrac{\displaystyle\int_1^x t\sin\dfrac{1}{t}\,\mathrm{d}t}{x^2\ln\left(1+\dfrac{1}{x}\right)}$．

（2）设函数 $f(x) = \begin{cases} \dfrac{\ln(1+kx)}{x}, & x \neq 0, \\ -1, & x = 0, \end{cases}$ 若 $f(x)$ 在点 $x=0$ 处可导,求 k 与 $f'(0)$ 的值.

（3）设 $\begin{cases} x = 2t - t^2, \\ y = 3t - t^3, \end{cases}$ 求 $\dfrac{\mathrm{d}^2 y}{\mathrm{d} x^2}$.

（4）求不定积分 $\displaystyle\int (\sqrt{x} - 1)\left(x + \dfrac{1}{\sqrt{x}}\right) \mathrm{d}x$.

（5）求不定积分 $\displaystyle\int \dfrac{x \arctan x}{\sqrt{1+x^2}} \mathrm{d}x$.

（6）计算反常积分 $\displaystyle\int_2^{+\infty} \dfrac{\mathrm{d}x}{(x+7)\sqrt{x-2}}$.

（7）设 $y = x\mathrm{e}^{-x}$，求 $y^{(n)}$.

3. 试问 a 为何值时，函数 $f(x) = a\sin x + \dfrac{1}{3}\sin 3x$ 在 $x = \dfrac{\pi}{3}$ 处取得极值，判断它是极大值还是极小值？并求此极值.

4. 试确定 p 的取值范围，使得 $y = x^3 - 3x + p$ 与 x 轴（1）恰有一个交点；（2）恰有两个交点；（3）恰有三个交点.

5. 设抛物线 $y = ax^2 + bx + c$ 通过点 $(0,0)$，且当 $x \in [0,1]$ 时，$y \geqslant 0$. 试确定 a, b, c 的值，使得该抛物线与直线 $x = 1, y = 0$ 所围图形的面积为 $\dfrac{4}{9}$，同时该图形绕 x 轴旋转而成的旋转体的体积最小.

6. 设 $f(x)$ 为连续函数,证明: $\int_0^x f(t)(x-t)\,\mathrm{d}t = \int_0^x \left(\int_0^t f(u)\,\mathrm{d}u \right)\mathrm{d}t$.

7. 设 $y=f(x)$ 连续,$\varphi(x) = \int_0^1 f(xt)\,\mathrm{d}t$,且 $\lim\limits_{x \to 0} \dfrac{f(x)}{x} = A$($A$ 为常数),求 $\varphi'(x)$,并讨论 $\varphi'(x)$ 在 $x=0$ 的连续性.

8. 函数 $f(x)$ 在 $[0, +\infty)$ 上可导,$f(0)=1$,且满足等式

$$f'(x) + f(x) - \frac{1}{x+1} \int_0^x f(t)\,\mathrm{d}t = 0.$$

(1) 求导数 $f'(x)$;

(2) 证明:当 $x \geqslant 0$ 时,不等式 $\mathrm{e}^{-x} \leqslant f(x) \leqslant 1$ 成立.

高等数学（上册）模拟试卷二

1. 填空题：

（1）$\lim\limits_{x\to 0}\dfrac{\sqrt{1+x^2}-1}{x\sin x}=$ _____.

（2）曲线 $y=(x-5)x^{\frac{2}{3}}$ 的拐点坐标为 _____.

（3）若 $f'(0)$ 存在且 $f(0)=0$，则 $\lim\limits_{x\to 0}\dfrac{f(x)}{x}=$ _____.

（4）若 $x\to 0$ 时，$(1+ax^2)^{\frac{1}{4}}-1$ 与 $x\sin x$ 是等价无穷小，则 $a=$ _____.

（5）若 $\int f'(x^3)\mathrm{d}x=x^4-x+c$，则 $f(x)=$ _____.

（6）若 $f(x)$ 是连续函数，则 $\int_{-a}^{a}x[f(x)+f(-x)]\mathrm{d}x=$ _____.

（7）若 $f(x)$ 连续，则 $\dfrac{\int_0^1 x^3 f(x^2)\mathrm{d}x}{\int_0^1 xf(x)\mathrm{d}x}=$ _____.

（8）$\int_{e}^{+\infty}\dfrac{1}{x\ln^2 x}\mathrm{d}x=$ _____.

（9）$x=\pm 1$ 是函数 $f(x)=\lim\limits_{n\to\infty}\dfrac{x^{2n}}{1+x^{2n}}$ 的 _____ 间断点.

（10）微分方程 $\mathrm{d}y+2xy\mathrm{d}x=0$ 的通解是 _____.

2. 计算题：

（1）求极限 $\lim\limits_{x\to 0}\dfrac{1-\cos x}{e^x+e^{-x}-2}$.

（2）设函数 $f(x) = \begin{cases} \dfrac{1-\cos x}{kx^2}, & x>0, \\ a+1, & x=0, \\ \dfrac{1}{x} - \dfrac{1}{e^x - 1}, & x<0. \end{cases}$ 为了使函数 $f(x)$ 在 $x=0$ 处连续，a,k 应取

什么值？

（3）计算不定积分 $\displaystyle\int \dfrac{1}{1+\sqrt[3]{x}}\,\mathrm{d}x$.

（4）求定积分 $\displaystyle\int_0^{\ln 2} \sqrt{e^x - 1}\,\mathrm{d}x$.

（5）求定积分 $\displaystyle\int_{\frac{1}{e}}^{e} |\ln x|\,\mathrm{d}x$.

（6）设 $\lim\limits_{x\to\infty}\left(\dfrac{x-a}{x+a}\right)^{x}=\displaystyle\int_{a}^{+\infty}4x\mathrm{e}^{-2x}\mathrm{d}x$，求 a.

（7）设曲线方程为 $\begin{cases}x=t+\arctan t+1,\\ y=t^{3}+6t-2,\end{cases}$ 试求该曲线在 $x=1$ 处的切线方程和法线方程.

3. 证明：当 $x>0$ 时，$1+\dfrac{1}{2}x-\dfrac{x^{2}}{8}<\sqrt{1+x}$.

4. 设函数 $y=f(x)$ 由方程 $y^{3}+xy^{2}+x^{2}y+6=0$ 确定，求 $f(x)$ 的极值.

5. 设函数 $f(x)$ 在 $[a,b]$ 上连续,在 (a,b) 内可导,且 $af(b)=bf(a)$,其中 $a>0$,证明至少存在一点 $\xi \in (a,b)$,使得 $\xi f'(\xi)-f(\xi)=0$.

6. 求微分方程 $xy'+y(\ln x-\ln y)=0$ 满足 $y(1)=e^3$ 的解.

7. 已知曲线 $y=a\sqrt{x}(a>0)$ 与曲线 $y=\dfrac{1}{2}\ln x$ 在点 (x_0,y_0) 处有公共切线,求

(1) 常数 a 及切点 (x_0,y_0);

(2) 两曲线与 x 轴所围平面图形的面积 A;

(3) 两曲线与 x 轴所围成的平面图形绕 x 轴旋转所得旋转体的体积.

8. 设 $y=f(x)$ 在 $(-\infty,+\infty)$ 内有二阶连续导数,且满足关系式 $xy''+3xy'^2=1-e^{-x}$.

(1) 若 $f(x)$ 在 $x=c(c\neq 0)$ 处有极值,证明 $f(c)$ 为极小值;

(2) 若 $f(x)$ 在 $x=0$ 处有极值,试问 $f(0)$ 是极大值还是极小值?为什么?

第八章　向量代数与空间解析几何

第一节　向量及其线性运算

1. 填空题：

（1）在空间直角坐标系中，指出下列各点所在的位置：

$A(1,-1,5)$ 在 _____，$B(-3,3,-3)$ 在 _____，

$C(0,2,-2)$ 在 _____，$D(0,-1,0)$ 在 _____．

（2）点 $(1,2,3)$ 关于 x 轴对称的点为 _____，关于 yOz 面对称的点为 _____，关于原点对称的点为 _____．

（3）已知两点 $A(6,0,2)$ 和 $B(7,3,-1)$，则向量 $\overrightarrow{AB}=$ _____，$-2\overrightarrow{BA}=$ _____．

（4）平行于向量 $a=(1,-1,-1)$ 的单位向量为 _____．

（5）点 $(3,4,2)$ 到 z 轴的距离为 _____，到 xOy 面的距离为 _____，到原点的距离为 _____．

（6）设 $m=i+2j-2k$，$n=2i+j+k$，则向量 $a=4m+n$ 的坐标分解式为 _____，在 x 轴上的投影为 _____，在 y 轴上的分向量为 _____．

2. 化简下列各式：

（1）$2a+3b-4(a-b)$；

（2）$(m-n)(a+b)-(m+n)(a-b)$．

3. 已知向量 $\boldsymbol{a} = (-1,3,2)$, $\boldsymbol{b} = (2,5,-1)$, $\boldsymbol{c} = (6,m,n)$, 若 $\boldsymbol{a}-\boldsymbol{b}$ 与 $\boldsymbol{c}$ 平行, 求 m 和 n 的值.

4. 已知两点 $M_1(2,4,0)$ 和 $M_2(2,5,\sqrt{3})$, 计算向量 $\overrightarrow{M_1 M_2}$ 的模、方向余弦和方向角.

5. 设 $\boldsymbol{m} = 3\boldsymbol{i}+2\boldsymbol{j}-\boldsymbol{k}$, $\boldsymbol{n} = -\boldsymbol{i}+\boldsymbol{j}+2\boldsymbol{k}$, 求向量 $\boldsymbol{a} = 2\boldsymbol{m}-\boldsymbol{n}$ 在各坐标轴上的投影及分向量.

6. 已知点 $B(2,-3,-1)$, 且向量 $\overrightarrow{AB}$ 在 x 轴、y 轴和 z 轴上的投影分别为 $1, -1, 5$, 求点 A 的坐标.

7. 已知向量 $\overrightarrow{AB}$ 的模为 10，与 x 轴正方向夹角为 $\dfrac{\pi}{4}$，与 y 轴正方向夹角为 $\dfrac{2\pi}{3}$，与 z 轴正方向夹角为锐角，求向量 $\overrightarrow{AB}$.

8. 用向量代数证明：三角形两边中点的连线平行于第三边，且等于第三边的一半.

第二节　数量积　向量积　*混合积

1. 填空题：

(1) 向量 $a=(1,0,-1)$，$b=(3,4,5)$，则 $|a|=$ _____，$|b|=$ _____，$a \cdot b=$ _____，$a \times b=$ _____.

(2) 向量 $a=(1,1,0)$，$b=(0,-1,0)$，则两向量的夹角为 _____.

(3) 已知 $a=(1,2,3)$，$b=(-1,2,-3)$，$c=(0,1,0)$，则 $a \cdot (b+c)=$ _____.

(4) 若 $|a|=1$，$|b|=2$，$(\widehat{a,b})=\dfrac{2\pi}{3}$，则 $|a-2b|=$ _____.

(5) 已知向量 $a=(2,0,1)$，$b=(1,-4,-1)$，$c=(-1,8,3)$，则 $(a \times b) \cdot c=$ _____.

2. 选择题：

(1) 以下算式不正确的是(　　).

A. $i \cdot i=1$　　　　B. $i \cdot j=0$　　　　C. $i \times i=0$　　　　D. $i \times j=k$

(2) 以下算式不正确的是(　　).

A. $a \cdot b=b \cdot a$　　　　　　　　　B. $a \times b=b \times a$

C. $|a|=\sqrt{a \cdot a}$　　　　　　　　D. $a \cdot b=|a|\,\mathrm{prj}_a b$

(3) 设向量 $a=(3,5,-4)$，$b=(2,1,8)$，向量 $ma+b$ 与 z 轴垂直，则 m 的值为 (　　).

A. 2　　　　　　B. $-\dfrac{2}{3}$　　　　　C. $-\dfrac{1}{5}$　　　　　D. 0

(4) 已知 $|a|=2$，$|b|=\sqrt{2}$，且 $a \cdot b=2$，则 $|a \times b|=$ (　　).

A. 1　　　　　　B. $2\sqrt{2}$　　　　　C. $\dfrac{\sqrt{2}}{2}$　　　　　D. 2

3. 已知 $a=(1,-4,1)$，$b=(1,2,-2)$，求 a 与 b 的夹角 θ 及 a 在 b 上的投影.

4. 已知 $|\boldsymbol{a}|=3$，$|\boldsymbol{b}|=16$，$|\boldsymbol{a}+\boldsymbol{b}|=\sqrt{241}$，求 $|\boldsymbol{a}-\boldsymbol{b}|$.

5. 求与 $\boldsymbol{a}=2\boldsymbol{i}+3\boldsymbol{j}-\boldsymbol{k}$，$\boldsymbol{b}=\boldsymbol{i}-\boldsymbol{j}+2\boldsymbol{k}$ 都垂直的单位向量.

6. 已知 $|\boldsymbol{a}|=2\sqrt{2}$，$|\boldsymbol{b}|=3$，$(\widehat{\boldsymbol{a},\boldsymbol{b}})=\dfrac{\pi}{4}$，试求以 $\boldsymbol{s}=5\boldsymbol{a}+2\boldsymbol{b}$，$\boldsymbol{n}=\boldsymbol{a}+3\boldsymbol{b}$ 为边的平行四边形的面积.

7. 已知 $\boldsymbol{a}=(-1,2,5)$，$\boldsymbol{b}=(3,m,0)$，$\boldsymbol{c}=(4,6,10)$.
（1）确定 m 的值，使得 $\boldsymbol{a}+\boldsymbol{b}$ 与 $\boldsymbol{c}$ 平行；
（2）确定 m 的值，使得 $\boldsymbol{a}-\boldsymbol{b}$ 与 $\boldsymbol{c}$ 垂直.

8. 若向量 $a+3b$ 垂直于向量 $7a-5b$,且向量 $a-4b$ 垂直于向量 $7a-2b$,试求向量 a 与 b 的夹角.

9. 已知点 $A(1,2,-5)$, $B(2,0,1)$, $C(4,1,-2)$, $D(0,3,-1)$,求四面体 $ABCD$ 的体积.

第三节　平面及其方程

1. 填空题：

（1）一平面过点 $(1,2,3)$ 且与平面 $2x+3y+z-1=0$ 平行，则该平面的点法式方程为

_____，平面的一般方程为_____.

（2）平面 $3x-2y+6z-6=0$ 的截距式方程为_____.

（3）平行于 xOz 平面且经过点 $(1,-3,-5)$ 的平面方程为_____.

（4）通过 x 轴和点 $(1,-1,2)$ 的平面方程为_____.

2. 选择题：

（1）点 $(1,-1,1)$ 到平面 $3x-4y+5z-7=0$ 的距离为（　　）.

A. 1　　　　　　B. $\sqrt{2}$　　　　　　C. $\dfrac{\sqrt{2}}{2}$　　　　　　D. 3

（2）平面 $\Pi_1:6x+2y-3z-5=0$ 和平面 $\Pi_1:6x+2y-3z+9=0$ 之间的距离为（　　）.

A. $\sqrt{2}$　　　　　　B. 2　　　　　　C. $\sqrt{7}$　　　　　　D. 1

3. 求过三点 $M_1(1,-1,1)$，$M_2(2,0,1)$ 和 $M_3(3,-2,2)$ 的平面方程.

4. 求过点 $(2,1,2)$ 且垂直于两平面 $x+2y-z=8$ 和 $3x+2y-4z=5$ 的平面方程.

5. 求平行于 y 轴,且经过两点 $(3,1,0)$ 和 $(-1,4,2)$ 的平面方程.

6. 求平面 $x-y+2z-7=0$ 与各坐标面夹角的余弦.

7. 求过点 $(0,-1,0)$ 和 $(0,0,1)$,且与 xOy 坐标面成 $\dfrac{\pi}{3}$ 角的平面方程.

8. 判断下面各组平面的位置关系,并说明理由.

(1) $\Pi_1:x-3y+5z-1=0$ 与 $\Pi_2:2x-6y+10z+7=0$;

(2) $\Pi_1:2x-y+z-6=0$ 与 $\Pi_2:x-3y-5z+40=0$;

(3) $\Pi_1:x-y+2z-4=0$ 与 $\Pi_2:3x-2y+4z+9=0$.

第四节　空间直线及其方程

1. 填空题：

（1）过点 $(2,-1,5)$ 且与直线 $\dfrac{x}{1}=\dfrac{y-4}{2}=\dfrac{z+1}{3}$ 平行的直线方程是_____．

（2）过两点 $A(0,-2,3)$ 和 $B(2,-2,1)$ 的直线方程为_____．

（3）过点 $(1,-1,-2)$ 且与平面 $3x+2y+7z+13=0$ 垂直的直线方程为_____．

（4）直线 $\dfrac{x-2}{0}=\dfrac{y+1}{1}=\dfrac{z+3}{1}$ 与平面 $x-2y-2z=1$ 的夹角为_____．

2. 选择题：

（1）设有直线 $L:\dfrac{x-1}{3}=\dfrac{y-1}{-2}=\dfrac{z-1}{5}$ 和平面 $\varPi:3x-2y+5z-14=0$，则直线 $L($ 　　 $)$．

A. 平行于 $\varPi$ 　　　　 B. 在 $\varPi$ 上 　　　　 C. 垂直于 $\varPi$ 　　　　 D. 与 $\varPi$ 斜交

（2）直线 $L_1:\dfrac{x-3}{1}=\dfrac{y+1}{-2}=\dfrac{z-6}{1}$ 与直线 $L_2:\dfrac{x-1}{-2}=\dfrac{y+5}{3}=\dfrac{z-7}{8}($ 　　 $)$．

A. 平行 　　　　 B. 垂直 　　　　 C. 重合 　　　　 D. 斜交

3. 求直线 $\begin{cases}3x-2y+z=5,\\ x-z-3=0\end{cases}$ 的对称式方程和参数方程．

4. 求过点 $A(0,1,-1)$ 且通过直线 $\dfrac{x-3}{5}=\dfrac{y+1}{-2}=\dfrac{z}{4}$ 的平面方程．

5. 求过点 $P(0,1,2)$ 且与直线 $L_1:\dfrac{x-1}{2}=\dfrac{y+1}{1}=\dfrac{z}{-1}$ 垂直相交的直线 L 的方程.

6. 确定 λ 的值,使直线 $L:\begin{cases}x-\lambda z-2=0,\\ y-2\lambda z-4=0\end{cases}$ 与平面 $\varPi:x+y-3z=4$ 平行.

7. 求直线 $L:\begin{cases}2x-3y+4z-12=0,\\ x+4y-2z-10=0\end{cases}$ 在平面 $\varPi:x+y+z=3$ 上的投影直线的方程.

8. 求通过直线 $L:\begin{cases}3x+2y+1=0,\\ 2y+3z-2=0\end{cases}$ 且垂直于平面 $\varPi:3x+2y-z-5=0$ 的平面方程.

第五节　曲面及其方程

1. 填空题:

（1）将 xOy 坐标面上的抛物线 $y^2=x$ 绕 x 轴旋转一周所生成的旋转曲面的方程为
_____,绕 y 轴旋转一周所生成的旋转曲面的方程为_____.

（2）曲面 $2x^2-y^2+2z^2=1$ 可看成由 xOy 面上曲线_____绕____轴旋转一周
生成,亦可看成由 yOz 面上曲线_____绕____轴旋转一周所生成.

（3）球面 $x^2+y^2+z^2-2x+y=\dfrac{3}{4}$ 的球心为_____,半径为_____.

（4）方程 $2x^2+3y^2=6$ 在 xOy 坐标面上表示的图形为_____,在空间直角坐标系
$Oxyz$ 中表示的图形为_____,其母线平行于____轴,准线为_____.

2. 选择题:

（1）下列方程中,不是旋转曲面的是(　　).

A. $3x^2+2y^2+3z^2=1$ 　　　　　　　B. $\dfrac{x^2}{9}-\dfrac{y^2}{4}+z^2=-1$

C. $x^2+y^2=-2z$ 　　　　　　　D. $x^2-y^2=z^2$

（2）方程 $z^2=3x^2+y^2$ 表示(　　).

A. 单叶双曲面　　　　　　　B. 双叶双曲面

C. 椭圆锥面　　　　　　　D. 椭球面

3. 设一动点与两定点 $A(1,2,3)$ 和 $B(4,5,6)$ 等距离,求该动点的轨迹方程.

4. 求与点 $A(1,0,-1)$ 和点 $B(3,1,-4)$ 的距离之比为 $1:\sqrt{2}$ 的动点的轨迹,并注明它是什么曲面.

5. 画出下列方程所表示的曲面,并指出曲面的名称.

(1) $z = \sqrt{x^2 + 4y^2}$;

(2) $z = -x^2 - 9y^2$;

(3) $z = \sqrt{4 - x^2 - y^2}$;

（4）$4x^2 + 9y^2 = 36$；

（5）$z = 4x^2$；

（6）$x + y = 1$.

第六节　空间曲线及其方程

1. 填空题：

（1）二元方程组 $\begin{cases} x-3=0, \\ y+2=0 \end{cases}$ 在平面解析几何中表示的图形是＿＿＿＿＿＿＿＿＿＿，

在空间解析几何中表示的图形是＿＿＿＿＿＿＿＿＿＿＿＿＿＿＿＿＿＿＿＿＿＿.

（2）二元方程组 $\begin{cases} x^2+y^2=4, \\ x-1=0 \end{cases}$ 在平面解析几何中表示的图形是＿＿＿＿＿＿＿＿＿＿，

在空间解析几何中表示的图形是＿＿＿＿＿＿＿＿＿＿＿＿＿＿＿＿＿＿＿＿＿＿.

2. 求母线分别平行于 x 轴、y 轴且通过曲线 $\begin{cases} x^2+y^2+z^2=2z, \\ y^2+z^2=x^2 \end{cases}$ 的柱面方程.

3. 求两曲面 $2x^2+y^2+z^2=16$ 与 $x^2-y^2+z^2=2$ 的交线在三个坐标面上的投影曲线方程.

4. 求曲面 $z = x^2 + y^2$ 和 $z = 2 - x^2 - y^2$ 围成的立体在三个坐标面上的投影区域.

5. 求螺旋线 $\begin{cases} x = \cos\theta, \\ y = \sin\theta, \\ z = 2\theta \end{cases}$ 在三个坐标面上的投影曲线的直角坐标方程.

6. 画出下列方程组所表示的曲线：

（1）$\begin{cases} z = x^2 + y^2 + 1, \\ z = 3; \end{cases}$

（2）$\begin{cases} z = \sqrt{4 - x^2 - y^2}, \\ (x-1)^2 + y^2 = 4; \end{cases}$

（3）$\begin{cases} z = 1 - \sqrt{x^2 + y^2}, \\ z = 0; \end{cases}$

（4）$\begin{cases} x^2 + y^2 = 1, \\ z = 1. \end{cases}$

第八章综合练习题

1. 填空题：

（1）已知 $a=(2,-1,\lambda)$，$b=(4\lambda,3,-5)$，若 $a\perp b$，则 $\lambda=$ _____.

（2）若向量 $a=-2i+3j+nk$ 与 $b=mi-6j+2k$ 共线，则 $m=$ _____，$n=$ _____.

（3）点 $M(2,1,-1)$ 到平面 $3x-y+z+7=0$ 的距离为_____.

（4）过点 $(\sqrt{3},1,0)$ 且垂直于直线 $\dfrac{x+2}{1}=\dfrac{y-2}{2}=\dfrac{z-1}{1}$ 的平面方程为_____.

（5）直线 $\begin{cases}x-2y+3z-4=0,\\3x+2y-5z-4=0\end{cases}$ 的对称式方程为_____.

（6）与两直线 $\begin{cases}x=1,\\y=-3+t,\\z=2+t\end{cases}$ 及 $\dfrac{x}{1}=\dfrac{y-1}{2}=\dfrac{z+2}{1}$ 都平行，且过原点的平面方程是

_____.

（7）方程 $x^2-y^2=2z$ 所表示的曲面为_____.

（8）xOy 平面上曲线 $xy=4$ 绕 x 轴旋转一周所得旋转曲面方程是_____.

（9）曲线 $\begin{cases}y^2+z^2-3x=0,\\z=1-y\end{cases}$ 在 xOy 平面上的投影曲线方程为_____.

（10）直线 $L:\dfrac{x-1}{2}=\dfrac{y-5}{-1}=\dfrac{z+8}{3}$ 与平面 $\Pi:x-y-z-1=0$ 的位置关系是

_____.

2. 已知 $a=3i-j-2k$，$b=i+2j-2k$，求：

（1）以 a,b 为邻边的平行四边形的两条对角线的长度；

（2）以 a,b 为邻边的平行四边形的面积.

3. 设向量 $a = 2i-j+k$, $b = i-2j+3k$, $c = i-j$, 求:

(1) $(a \cdot b)c$; (2) $(a \times b) \cdot c$; (3) $(a \times b) \times c$.

4. 求通过 z 轴且与平面 $2x+y-\sqrt{5}z=0$ 的夹角为 $\dfrac{\pi}{3}$ 的平面方程.

5. 求点 $M(-2,5,3)$ 在平面 $x+2y+3z-3=0$ 上的投影.

6. 求直线 $\dfrac{x-1}{2}=\dfrac{y}{4}=\dfrac{z-1}{0}$ 与平面 $x+y+z-2=0$ 的交点到点 $(3,4,1)$ 的距离.

7. 求直线 $L: \dfrac{x-2}{-1}=\dfrac{y-5}{2}=\dfrac{z}{3}$ 在平面 $\Pi: x+y-2z-11=0$ 上的投影直线方程.

8. 求过直线 $\begin{cases} 2x-y-1=0, \\ 3x-z-2=0 \end{cases}$ 且与点 $(2,2,2)$ 的距离为 $\dfrac{\sqrt{3}}{3}$ 的平面方程.

9. 求到两定点 $A(c,0,0),B(-c,0,0)$ 的距离之和为 $2a$ 的动点的轨迹方程（$a>c>0$，且均为常数），并指出轨迹的几何特征.

10. 求曲线 $L: \begin{cases} x^2+4y^2=4, \\ 2x+3y+z+1=0 \end{cases}$ 在三个坐标平面上的投影曲线方程.

第九章　多元函数微分法及其应用

第一节　多元函数的基本概念

1. 填空题:

(1) 设二元函数 $f(x,y)=\dfrac{1-xy}{x^2+y^2}$,则 $f(0,1)=$ _____,$f\left(\dfrac{y}{x},0\right)=$ _____.

(2) 设 $f(x+y,x-y)=x^2-y^2$,则 $f(x,y)=$ _____.

(3) 二元函数 $z=\dfrac{1}{y^2-x+2}$ 的间断点是_____.

(4) 二元函数 $z=\ln|4-x^2-y^2|$ 的间断点是_____.

2. 选择题:

(1) 下列各组函数中,两个函数相同的是(　　　).

A. $f(x,y)=\ln x-\ln y,g(x,y)=\ln\dfrac{x}{y}$

B. $f(x,y)=x+y,g(x,y)=\sqrt{(x+y)^2}$

C. $f(x,y)=x+y,g(x,y)=\sqrt[3]{(x+y)^3}$

D. $f(x,y)=\mathrm{e}^{\ln(x^2+y^2)},g(x,y)=x^2+y^2$

(2) 二元函数 $z=1-\sqrt{x^2+y^2}$ 的图像是(　　　).

A. 圆锥面　　　　　　　　　　　B. 半球面

C. 柱面　　　　　　　　　　　　D. 椭圆抛物面

3. 求下列函数的定义域并画出定义域的示意图.

(1) $z=\arcsin(x+y)$;

（2）$z = \dfrac{\sqrt{4-x^2-y^2}}{\sqrt{x^2+y^2-1}}$.

4. 求下列极限.

（1）$\displaystyle\lim_{(x,y)\to(1,0)} \dfrac{\ln(x+\mathrm{e}^y)}{\sqrt{x^2+y^2}}$;

（2）$\displaystyle\lim_{(x,y)\to(0,0)} \dfrac{xy}{\sqrt{xy+1}-1}$;

（3）$\displaystyle\lim_{(x,y)\to(1,0)} xy\sin\dfrac{1}{x-2y-1}$;

（4）$\lim\limits_{\substack{x \to 2 \\ y \to 0}} \dfrac{1-\cos(xy)}{y^2}$.

5. 证明极限 $\lim\limits_{(x,y) \to (0,0)} \dfrac{x+2y}{x-2y}$ 不存在.

6. 判断函数 $f(x,y) = \begin{cases} \sqrt{1-x^2-y^2}, & \text{其他}, \\ 0, & (x,y) = (0,0) \end{cases}$ 在 $(0,0)$ 点的连续性, 并说明理由.

第二节　偏　导　数

1. 填空题：

（1）若函数 $z = f(x,y)$ 在 (x_0,y_0) 处存在偏导数，则 $\lim\limits_{\Delta x \to 0} \dfrac{f(x_0 - 2\Delta x, y_0) - f(x_0, y_0)}{\Delta x} = $ _____．

（2）若 $f(x,y) = xy + (x-1)\sin\sqrt[3]{\dfrac{y}{x}}$，则 $f_x(1,0) = $ _____，$f_y(1,0) = $ _____．

（3）曲线 $\begin{cases} z = x^2 + y^2 \\ x = 1 \end{cases}$，在点 $(1,1,2)$ 处的切线与 y 轴正向所成的角是 _____．

（4）若 $u = \left(\dfrac{x}{y}\right)^z$，则 $\dfrac{\partial u}{\partial x} = $ _____，$\dfrac{\partial u}{\partial y} = $ _____，$\dfrac{\partial u}{\partial z} = $ _____．

（5）若 $z = x\ln(xy)$，则 $\dfrac{\partial^3 z}{\partial x^2 \partial y} = $ _____，$\dfrac{\partial^3 u}{\partial x \partial y^2} = $ _____．

2. 选择题：

（1）函数 $z = f(x,y)$ 在 (x_0,y_0) 处两个偏导数 $\dfrac{\partial f}{\partial x}$，$\dfrac{\partial f}{\partial y}$ 存在是 $f(x,y)$ 在该点连续的（　　）条件.

A. 必要　　　　　　B. 充分　　　　　　C. 充要　　　　　　D. 非必要非充分

（2）若 $f(x+y, xy) = x^2 + y^2 + 4xy$，则 $\dfrac{\partial f(x,y)}{\partial x} = ($ 　　 $)$．

A. $2x + 4y$　　　　B. $2x$　　　　　　C. $2(x+y)$　　　　D. $2y$

3. 求下列函数的一阶偏导数.

（1）$z = \ln\sqrt{x^2 + y^2}$；

（2）$z = e^{xy} + yx^2$；

（3）$u = x^{\frac{y}{z}}$.

4. 求下列函数的二阶偏导数.

（1）$z = x^3 + y^3 - 3xy + 1$；

（2）$z = x\sin(x+y)$.

5. 设 $z = x^y (x>0, x \neq 1)$，求 $\dfrac{x}{y} \dfrac{\partial z}{\partial x} - \dfrac{1}{\ln x} \dfrac{\partial z}{\partial y}$.

6. 设函数 $f(x,y) = \begin{cases} y\sin\dfrac{1}{x^2+y^2}, & x^2+y^2 \neq 0, \\ 0, & x^2+y^2 = 0, \end{cases}$ 判断 $f(x,y)$ 在点 $(0,0)$ 的连续性和偏

导数是否存在.

第三节　全　微　分

1. 选择题：

（1） $z=f(x,y)$ 在点 (x,y) 处可微是其在该点连续的（　　　）条件.

A. 必要　　　　　　　　　　　　B. 充分

C. 充要　　　　　　　　　　　　D. 既非必要也非充分

（2） 函数 $z=f(x,y)$ 在 (x_0,y_0) 处两个偏导数 $\dfrac{\partial f}{\partial x}, \dfrac{\partial f}{\partial y}$ 存在是 $f(x,y)$ 在该点可微的

（　　　）条件.

A. 必要　　　　　　　　　　　　B. 充分

C. 充要　　　　　　　　　　　　D. 既非必要也非充分

（3） $z=f(x,y)$ 在点 (x_0,y_0) 处的偏导数 $\dfrac{\partial z}{\partial x}$ 及 $\dfrac{\partial z}{\partial y}$ 存在且连续是其在该点可微的

（　　　）条件.

A. 必要　　　　　　　　　　　　B. 充分

C. 充要　　　　　　　　　　　　D. 既非必要也非充分

2. 求函数 $z=x^2y$ 在点 $(1,2)$ 处 $\Delta x=0.1, \Delta y=0.1$ 时的全增量与全微分.

3. 求函数 $z=\arctan(xy)$ 在点 $(2,1)$ 处的全微分.

4. 求下列函数的全微分.

（1）$z = e^{xy} + \dfrac{x}{y}$;

（2）$z = \sec(x-y)$;

（3）$u = x^2 y \ln z$.

5. 一矩形长为 8, 宽为 6. 请利用全微分法求这个矩形长减少 0.1、宽增加 0.05 时对角线长度变化的近似值.

6. 计算 $1.01^{2.02}$ 的近似值.

7. 试证：$f(x,y)=\sqrt{|xy|}$ 在点 $(0,0)$ 连续、偏导数存在,但不可微.

第四节　多元复合函数的求导法则

1. 填空题：

（1）设 $z = u^2 v$，$u = 2t$，$v = \ln t$，则 $\dfrac{\mathrm{d}z}{\mathrm{d}t} = $ _____.

（2）设 $z = f(ax+by)$，且 f 可导，则 $b\dfrac{\partial z}{\partial x} - a\dfrac{\partial z}{\partial y} = $ _____.

（3）设 $f(xy, x+y) = x^2 + y^2 + xy$，其中 $f(u,v)$ 可微，则 $f_x(x,y) + f_y(x,y) = $ _____.

（4）设 $z = x^2 \ln y$，由一阶全微分形式不变性有

$$\mathrm{d}z = \underline{\hspace{2cm}} \, \mathrm{d}(x^2) + \underline{\hspace{2cm}} \, \mathrm{d}(\ln y)$$

$$= \underline{\hspace{2cm}} \, \mathrm{d}x + \underline{\hspace{2cm}} \, \mathrm{d}y.$$

2. 求下列函数的偏导数或导数.

（1）设 $z = \dfrac{x}{y}$，$x = \sin t$，$y = \mathrm{e}^t$，求 $\dfrac{\mathrm{d}z}{\mathrm{d}t}$.

（2）设 $z = \arctan y + f(v)$，$v = y^2 - x^2$，其中 f 可导，求 $\dfrac{\partial z}{\partial x}$，$\dfrac{\partial z}{\partial y}$.

（3）设 $z = u^v$，$u = x - y$，$v = xy$，求 $\dfrac{\partial z}{\partial x}$，$\dfrac{\partial z}{\partial y}$.

（4）设 $z = uvw$，$u = \sqrt{t}$，$v = \ln(1 + t)$，$w = \arcsin t$，求 $\dfrac{\mathrm{d}z}{\mathrm{d}t}$.

3. 求下列函数的偏导数.

（1）设 $z = f(\mathrm{e}^{xy}, \cos(x + y))$，其中 f 具有一阶连续偏导数，求 $\dfrac{\partial z}{\partial x}$，$\dfrac{\partial z}{\partial y}$.

（2）设 $z = f(u, x, y)$，$u = x^2 y$，其中 f 具有一阶连续偏导数，求 $\dfrac{\partial z}{\partial x}$，$\dfrac{\partial z}{\partial y}$.

4. 设 $z = f\left(\ln x + \dfrac{1}{y}\right)$，且函数 f 可导，证明 $x\dfrac{\partial z}{\partial x} + y^2\dfrac{\partial z}{\partial y} = 0$.

5. 设函数 $z = yf\left(\dfrac{x}{y}\right) + xg\left(\dfrac{y}{x}\right)$，其中 f, g 二阶可导，求 $x\dfrac{\partial z}{\partial x} + y\dfrac{\partial z}{\partial y}$.

6. 设函数 $z = x\varphi(x^2 + y^2) - f(xy, x-y)$，其中 f 具有二阶连续偏导数，φ 二阶可导，求 $\dfrac{\partial^2 z}{\partial x^2}, \dfrac{\partial^2 z}{\partial x \partial y}$.

第五节　隐函数的求导公式

1. 填空题：

（1）若函数 $y=y(x)$ 由方程 $y-xe^y=1$ 确定，则 $y'(0)=$ _____.

（2）若函数 $z=z(x,y)$ 由方程 $xyz=x+y+z$ 确定，则 $\dfrac{\partial z}{\partial x}\Big|_{(1,3)}=$ _____.

（3）若 $z^2-2xyz=9$，则 $\dfrac{\partial z}{\partial x}+\dfrac{\partial z}{\partial y}=$ _____.

2. 设方程 $\sin xy+e^x=y^2$ 确定了隐函数 $y=y(x)$，求 $\dfrac{\mathrm{d}y}{\mathrm{d}x}$.

3. 设方程 $e^z=xyz$ 确定了隐函数 $z=z(x,y)$，求 $\dfrac{\partial z}{\partial x}$，$\dfrac{\partial z}{\partial y}$，$\mathrm{d}z$.

4. 设方程 $z^3-2xz+y=1$ 确定了隐函数 $z=z(x,y)$，求 $\dfrac{\partial z}{\partial x}$，$\dfrac{\partial^2 z}{\partial y^2}$.

5. 设隐函数 $z=z(x,y)$ 由方程 $x+z=f(xyz)$ 确定，其中 f 具有连续导数，求 $\dfrac{\partial z}{\partial x}$，$\dfrac{\partial z}{\partial y}$.

6. 设 $\begin{cases} x^2+y^2+z^2=36, \\ x+y-z=9, \end{cases}$ 求 $\dfrac{\mathrm{d}y}{\mathrm{d}x}$，$\dfrac{\mathrm{d}z}{\mathrm{d}x}$.

7. 设 $\begin{cases} u^2+xu=2y, \\ v^2+yu=3x, \end{cases}$ 求 $\dfrac{\partial u}{\partial x}$，$\dfrac{\partial u}{\partial y}$.

8. 设方程 $f\left(\dfrac{x}{z},\dfrac{y}{z}\right)=0$ 确定 z 是 x,y 的函数，f 有连续的偏导数，求 $\dfrac{\partial z}{\partial x}$，$\dfrac{\partial z}{\partial y}$.

第六节　多元函数微分学的几何应用

1. 填空题:

（1）设向量值函数 $\boldsymbol{f}(t) = e^t\boldsymbol{i} + (\sin t)\boldsymbol{j} + (t^2+1)\boldsymbol{k}$，则 $\lim\limits_{t \to 0}\boldsymbol{f}(t) = $ _____ , $\boldsymbol{f}'(0) = $ _____ .

（2）曲线 $\begin{cases} y^2 = 2x, \\ z - 2x + 5 = 0 \end{cases}$ 化成参数形式（以 x 为参数）为 _____ .

（3）空间曲线 $\Gamma : \boldsymbol{f}(t) = (t^2 - 5, \ln(t+1), \arctan t)$ 在点 $t = 0$ 处的单位切向量为 _____ .

（4）空间曲面 $z = x^2 - 5y^2$ 在点 $(1,1,-4)$ 处方向向上的法向量为 _____ .

2. 求曲线 $x = t, y = \sin t, z = \cos 2t$ 在对应 $t_0 = \dfrac{\pi}{6}$ 的点处的切线方程及法平面方程.

3. 求曲线 $\Gamma : \begin{cases} y = 4e^x, \\ z = 2\sin x \end{cases}$ 在点 $x = 1$ 处的切线方程及法平面方程.

4. 求曲线 $\Gamma:\begin{cases} x^2+y^2+z^2=9, \\ x+y-5z+7=0 \end{cases}$ 在点 $M_0(1,2,2)$ 处的切线方程及法平面方程.

5. 在曲面 $z=xy$ 上求一点,使得该点处的法线垂直于平面 $x+3y+z-9=0$,并写出该法线方程.

6. 求曲面 $z=\dfrac{x^2}{2}+y^2$ 平行于平面 $2x+2y-z=0$ 的切平面方程.

7. 求曲面 $z^2+\cos(xy)+yz+x=0$ 在点 $M(0,1,-1)$ 处的切平面方程和法线方程.

8. 设直线 $L:\begin{cases} x+y+b=0, \\ x+ay-z=3 \end{cases}$ 在平面 Π 上,而平面 Π 与曲面 $z=x^2+y^2$ 相切于点$(1,-2,5)$,求 a,b 的值.

第七节　方向导数与梯度

1. 填空题：

（1）函数 $z=x+y$ 在点 $(2,4)$ 处沿方向 $\boldsymbol{l}=\boldsymbol{i}+\boldsymbol{j}$ 的方向导数 $\dfrac{\partial z}{\partial l}\bigg|_{(1,1)}=$ _____.

（2）函数 $u=xy+yz$ 在点 $(1,-2,1)$ 处沿方向 $\boldsymbol{l}=\boldsymbol{i}-2\boldsymbol{j}+2\boldsymbol{k}$ 的方向导数 $\dfrac{\partial u}{\partial l}\bigg|_{(1,-2,1)}=$ _____.

（3）已知函数 $f(x,y)=\dfrac{x}{y}$，则 $\mathbf{grad}\,f(-2,3)=$ _____.

（4）已知函数 $f(x,y,z)=\sin x+\mathrm{e}^{y}+\ln z$，则 $\mathbf{grad}\,f\left(\dfrac{\pi}{3},0,4\right)=$ _____.

2. 选择题：

（1）二元函数 $f(x,y)$ 在点 (x_0,y_0) 处偏导数存在是其在该点的方向导数存在的（　　）条件.

A. 必要　　　　　　B. 充分　　　　　　C. 充要　　　　　　D. 非充分非必要

（2）二元函数 $f(x,y)$ 在点 (x_0,y_0) 处可微是其在该点的方向导数存在的（　　）条件.

A. 必要　　　　　　B. 充分　　　　　　C. 充要　　　　　　D. 非充分非必要

（3）设函数 $z=f(x,y)$ 在点 $(0,0)$ 处有 $f_x(0,0)=1,f_y(0,0)=2$，则（　　）.

A. $f(x,y)$ 在点 $(0,0)$ 处极限存在

B. $f(x,y)$ 在点 $(0,0)$ 处连续

C. $\mathrm{d}z\big|_{(0,0)}=\mathrm{d}x+2\mathrm{d}y$

D. $f(x,y)$ 在点 $(0,0)$ 处沿 x 轴负方向的方向导数为 -1

3. 求函数 $z=xy$ 在点 $P(1,2)$ 处沿从点 $P(1,0)$ 到点 $Q(2,-\sqrt{3})$ 的方向的方向导数.

4. 求函数 $u=xy+2yz+3xz$ 在点 $(1,1,1)$ 处沿着锥面 $z=\sqrt{x^2+y^2}$ 的外法线方向的方向导数.

5. 设 $f(x,y)=\arctan\dfrac{x}{y}$,求 $\mathbf{grad}\,f(3,-4)$.

6. 设 $f(x,y,z)=\sqrt{x^2+y^2+z^2}$,求 $\mathbf{grad}\,f(1,0,-1)$ 和函数沿该梯度方向的方向导数.

7. 求 $z=\ln(x^2+y^2)$ 在点 $M(1,1)$ 处沿方向 $\boldsymbol{l}=(\cos\alpha,\sin\alpha)$ 的方向导数,并求:
(1) 在怎样的方向上,方向导数有最大值;
(2) 在怎样的方向上,方向导数有最小值;
(3) 在怎样的方向上,方向导数为零.

第八节　多元函数的极值及其求法

1. 填空题：

（1）函数 $z=\sqrt{x^2+y^2}-a$ 的最小值为_____.

（2）函数 $z=\sqrt{4-x^2-y^2}$ 的最大值为_____.

（3）若点 $\left(\dfrac{1}{4},1\right)$ 是函数 $z=y^2\ln x+a(x+y)+b(x-y)$ 的一个极值点，则 $a=$_____，$b=$_____.

2. 选择题：

（1）$f_x(x_0,y_0)=0$，$f_y(x_0,y_0)=0$ 是函数 $z=f(x,y)$ 在点 (x_0,y_0) 处取得极值的（　　）条件.

A. 必要　　　　　B. 充分　　　　　C. 充要　　　　　D. 非充分非必要

（2）函数 $z=\mathrm{e}^{2x}(x+y^2+2y)$ 的驻点为（　　）.

A. $\left(\dfrac{1}{2},-1\right)$ 　　　B. $\left(\dfrac{1}{2},1\right)$ 　　　C. $\left(-\dfrac{1}{2},-1\right)$ 　　　D. $\left(-\dfrac{1}{2},1\right)$

（3）已知 $z=f(x,y)$ 在点 (x_0,y_0) 处具有二阶连续偏导数，且 $f_x(x_0,y_0)=0$，$f_y(x_0,y_0)=0$ 和 $f_{xy}(x_0,y_0)=0$，那么 $f(x,y)$ 在点 (x_0,y_0) 处取得极小值的充分条件是（　　）.

A. $f_{xx}(x_0,y_0)<0$，$f_{yy}(x_0,y_0)>0$　　　　　B. $f_{xx}(x_0,y_0)<0$，$f_{yy}(x_0,y_0)<0$

C. $f_{xx}(x_0,y_0)>0$，$f_{yy}(x_0,y_0)>0$　　　　　D. $f_{xx}(x_0,y_0)>0$，$f_{yy}(x_0,y_0)<0$

3. 求函数 $f(x,y)=x^3-4x^2+2xy-y^2-1$ 的极值.

4. 求函数 $z = x^2 + y^2 - xy + x + y$ 在闭区域 $D: x \leqslant 0, y \leqslant 0$ 及 $x + y \geqslant -3$ 上的最大值和最小值.

5. 求函数 $f(x, y) = x^2 + y^2$ 在条件 $\dfrac{x}{a} + \dfrac{y}{b} = 1$ 下的极值.

6. 求原点 $(0, 0, 0)$ 到曲面 $(x - y)^2 + z^2 = 1$ 的最短距离.

7. 求函数 $u = xyz$ 在约束条件 $\dfrac{1}{x} + \dfrac{1}{y} + \dfrac{1}{z} = \dfrac{1}{a}$ (x, y, z, a 均大于 0) 下的最小值.

*第九节　二元函数的泰勒公式

1. 求函数 $f(x,y)=3x^2-y^2+2xy-x+6y-1$ 在点 $(-1,1)$ 的泰勒公式.

2. 求函数 $f(x,y)=e^x\sin y$ 在点 $(0,0)$ 处带有拉格朗日余项的二阶泰勒公式.

3. 利用二元函数 $f(x,y)=x^3y^2$ 的二阶泰勒公式,求 $1.1^3\times1.9^2$ 的近似值.

*第十节　最小二乘法

1. 若一个实验有如下数据,试用最小二乘法求表示两个变量函数关系的近似表达式:

i	1	2	3	4	5	6	7	8
x_i	1	2	3	4	5	6	7	8
y_i	-1.09	-0.82	-0.7	-0.4	-0.23	0.03	0.24	0.4

2. 若利用吸光光度法测定某食物中铁元素的含量,通过实验测定发现吸光度 x 与铁元素含量 y 存在以下关系:$y=ax+b$. 实验测得 y 与 x 的数据如下表:

铁元素含量 y	0.00	0.40	0.80	1.20	1.60	2.00
吸光度 x	0.000	0.098	0.205	0.317	0.421	0.527

试用最小二乘法建立 y 与 x 之间的经验公式.

第九章综合练习题

1. 填空题:

(1) 函数 $z = \dfrac{1}{\sqrt[3]{x+y}} + \dfrac{1}{\sqrt{x-y}}$ 的定义域为 _____.

(2) 极限 $\displaystyle\lim_{(x,y)\to(1,0)} \dfrac{\ln(x+e^y)}{\sqrt{x^2+\sin y}} = $ _____.

(3) 设 $f(x,y) = x+2y+(y-1)\arcsin\dfrac{x}{1+xy}$, 则 $f_x(0,1) = $ _____, $f_y(0,1) = $ _____.

(4) 设 $z = y^x$, 则 $\dfrac{\partial^2 z}{\partial x^2} = $ _____, $\dfrac{\partial^2 z}{\partial x \partial y} = $ _____.

(5) 设 $z = f(x^2-y^2)$, 且 f 可微, 则 $\mathrm{d}z = $ _____.

(6) 曲线 Γ: $\begin{cases} x = (t+1)^2, \\ y = t^3, \\ z = \sqrt{1+t^2} \end{cases}$ (t 为参数) 在 $t = -1$ 相应的点处的切线方程为

_____.

(7) 曲面 $z = 3x^2+2y^2$ 在点 $(1,1,1)$ 处的切平面方程为 _____.

(8) 函数 $z = xe^{xy}$ 在点 $(1,0)$ 沿 _____ 方向的方向导数最大, 最大值是 _____.

2. 选择题:

(1) 当( )时, 极限 $\displaystyle\lim_{(x,y)\to(0,0)} f(x,y)$ 存在.

A. 点 (x,y) 沿直线 $y = kx(k \in \mathbf{R})$ 趋于 $(0,0)$ 时极限存在且相等

B. 点 (x,y) 沿无穷多条路径趋于 $(0,0)$ 时极限存在且相等

C. 函数 $f(x,y)$ 在点 $(0,0)$ 处偏导数存在

D. 函数 $f(x,y)$ 在点 $(0,0)$ 处连续

(2) $z = f(x,y)$ 在点 (x,y) 处可微是其在该点连续的( )条件.

A. 必要   B. 充分   C. 充要   D. 非充分非必要

(3) 设 $z = \ln(1+xy^2)$, 则 $\dfrac{\partial^2 z}{\partial x \partial y}\bigg|_{(0,1)} = ($).

A. 1   B. −1   C. 2   D. −2

（4）已知函数 $f(x,y)$ 满足 $f(x,0)=1$，$f_y(x,0)=x$，$f_{yy}=2$，则 $f(x,y)=$（   ）．

A. $1-xy+y^2$ B. $1+xy+y^2$

C. $1-x^2y+y^2$ D. $1+x^2y+y^2$

（5）在曲线 $x=t$，$y=-t^2$，$z=t^3$ 的所有切线中，与平面 $x+2y+z=1$ 平行的切线（   ）．

A. 只有 1 条   B. 只有 2 条   C. 至少 3 条   D. 不存在

（6）二元函数 $z=\sqrt{x^2+y^2}$ 在点 $(0,0)$ 处（   ）．

A. 不连续   B. 偏导数存在

C. 沿任一方向的方向导数均存在   D. 沿任一方向的方向导数不存在

（7）设可微函数 $f(x,y)$ 在点 (x_0,y_0) 处取得极小值，则下列结论正确的是（   ）．

A. $f(x,y_0)$ 在 $x=x_0$ 处的导数等于 0   B. $f(x,y_0)$ 在 $x=x_0$ 处的导数大于 0

C. $f(x,y_0)$ 在 $x=x_0$ 处的导数小于 0   D. $f(x,y_0)$ 在 $x=x_0$ 处的导数不存在

（8）若函数 $f(x,y)$ 在闭区域 D 上连续，则下列说法正确的是（   ）．

A. $f(x,y)$ 的极值点一定是 $f(x,y)$ 的驻点

B. 若 P_0 是 $f(x,y)$ 的极值点，则在点 P_0 处必有 $f_{xy}^2-f_{xx}\cdot f_{yy}<0$

C. 若 P_0 是可微函数 $f(x,y)$ 的极值点，则在点 P_0 处必有 $\mathrm{d}f=0$

D. $f(x,y)$ 的最大值点一定是 $f(x,y)$ 的极大值点

3. 设 $f(x,y)=\begin{cases} (x^2+y)\sin\dfrac{1}{\sqrt{x^2+y^2}}, & x^2+y^2\neq 0, \\ 0, & x^2+y^2=0, \end{cases}$ 试判断 $f(x,y)$ 在 $(0,0)$ 处的连续性

和偏导数的存在性.

4. 设 $z=xy+u$，$u=\varphi(x,y)$，其中 φ 具有二阶连续偏导数，求 $\dfrac{\partial^2 z}{\partial x^2},\dfrac{\partial^2 z}{\partial x\partial y}$.

5. 设 $x^2+y^2+z^2=yf\left(\dfrac{z}{y}\right)$，其中 f 可导，求 $\dfrac{\partial z}{\partial x},\dfrac{\partial z}{\partial y}$.

6. 设空气污染指数 $f(x,y)=x^2+xy+\dfrac{1}{2}x^2y+2xy^2(x\geqslant 0,y\geqslant 0)$，其中 x 为空气中颗粒污染物的浓度，y 为气态污染物的浓度. 当 f 的值增加时，表示空气污染加剧，反之则降低.

（1）求 $f_x(2,5)$ 和 $f_y(2,5)$ 的值，并说明其实际意义；

（2）当 $x=2$，$y=5$ 时，若 $\Delta x=1\%$，$\Delta y=-1\%$，问此时空气污染是加剧还是减轻？并说明理由.

7. 求球面 $x^2+y^2+z^2=6$ 与旋转抛物面 $z=x^2+y^2$ 的交线在点 $(1,1,2)$ 处的切线方程.

8. 求椭球面 $x^2 + 2y^2 + 3z^2 = 21$ 上某点 M 处的切平面 Π 的方程,且 Π 过已知直线 L:
$\dfrac{x-6}{2} = \dfrac{y-3}{1} = \dfrac{2z-1}{-2}.$

9. 求函数 $z = x^2(2+y^2) + y\ln y$ 的极值.

10. 求函数 $f(x,y) = (1+x)^2 + (1+y)^2$ 在条件 $x^2 + y^2 + xy = 3$ 下的最大值.

第十章　重积分

第一节　二重积分的概念与性质

1. 填空题:

(1) 若区域 $D = \left\{ (x,y) \mid x^2+y^2 \leqslant R^2 \right\}$, 则 $\iint\limits_D \sqrt{R^2-x^2-y^2}\,dxdy = \underline{\hspace{2cm}}$.

(2) 若区域 $D = \left\{ (x,y) \mid 1 \leqslant x^2+y^2 \leqslant 4 \right\}$, 则 $\iint\limits_D 3\,dxdy = \underline{\hspace{2cm}}$.

(3) 若区域 $D = \left\{ (x,y) \mid x^2+y^2 \leqslant r^2 \right\}$, 则 $\lim\limits_{r \to 0} \dfrac{1}{\pi r^2} \iint\limits_D e^{x^2+y^2} \cos(xy)\,dxdy = \underline{\hspace{2cm}}$.

(4) 若区域 $D = \left\{ (x,y) \mid |x|+|y| \leqslant 1 \right\}$, 则 $\iint\limits_D (2x^3+3\sin y)\,dxdy = \underline{\hspace{2cm}}$.

2. 选择题:

(1) 设区域 $D = \left\{ (x,y) \mid x^2+y^2 \leqslant R^2 \right\}$, 则 $\iint\limits_D \sqrt{x^2+y^2}\,dxdy = ($ $)$.

   A. πR^3 B. $\dfrac{1}{3}\pi R^3$ C. $\dfrac{2}{3}\pi R^3$ D. $2\pi R^3$

(2) 设 $D = \left\{ (x,y) \mid x^2+y^2 \leqslant a^2, a>0 \right\}$, 若积分 $\iint\limits_D \sqrt{a^2-x^2-y^2}\,dxdy = \dfrac{\pi}{12}$, 则 $a = ($ $)$.

   A. 2 B. $\dfrac{1}{2}$ C. 3 D. $\dfrac{1}{3}$

(3) 设 $D = \left\{ (x,y) \mid \dfrac{1}{4} \leqslant x^2+y^2 \leqslant 1 \right\}$, 若 $I_1 = \iint\limits_D \ln(x^2+y^2)\,dxdy, I_2 = \iint\limits_D \dfrac{1}{x^2+y^2}\,dxdy, I_3 = \iint\limits_D (x^2+y^2)^2\,dxdy$, 则 I_1, I_2, I_3 之间的大小关系为(   ).

   A. $I_1 < I_2 < I_3$ B. $I_1 < I_3 < I_2$ C. $I_2 < I_3 < I_1$ D. $I_3 < I_2 < I_1$

(4) 设 $I_1 = \iint\limits_D \dfrac{x+y}{4}\,d\sigma, I_2 = \iint\limits_D \sqrt{\dfrac{x+y}{4}}\,d\sigma, I_3 = \iint\limits_D \sqrt[3]{\dfrac{x+y}{4}}\,d\sigma$, 其中 D 是圆域 $(x-1)^2 + (y-1)^2 \leqslant 2$, 则有(   ).

   A. $I_1 < I_2 < I_3$ B. $I_2 < I_3 < I_1$ C. $I_1 < I_3 < I_2$ D. $I_3 < I_2 < I_1$

3. 利用二重积分的性质估计下列积分的值.

（1）$I = \iint\limits_{D} \left[3 + \cos(x^2 + y^2)\pi \right] d\sigma$，其中 $D = \left\{ (x,y) \mid x^2 + y^2 \leqslant \dfrac{1}{3} \right\}$；

（2）$I = \iint\limits_{D} (x^2 + 4y^2 + 9) d\sigma$，其中 $D = \left\{ (x,y) \mid x^2 + y^2 \leqslant 4 \right\}$；

（3）$I = \iint\limits_{D} (x + xy - x^2 - y^2) d\sigma$，其中 $D = \left\{ (x,y) \mid 0 \leqslant x \leqslant 1, 0 \leqslant y \leqslant 2 \right\}$.

4. 利用二重积分性质证明：二重积分 $I = \iint\limits_{x^2 + y^2 \leqslant 4} \sqrt[3]{1 - x^2 - y^2}\, dxdy < 0$.

第二节　二重积分的计算法

1. 填空题：

（1）$\displaystyle\iint\limits_{x^2+y^2\leqslant a^2}|xy|\,\mathrm{d}\sigma=$ _____．

（2）若 $D=\{(x,y)\mid -1\leqslant x\leqslant 1,0\leqslant y\leqslant 1\}$，则 $\displaystyle\iint\limits_{D}y\mathrm{e}^{xy}\mathrm{d}x\mathrm{d}y=$ _____．

（3）设 $f(x)$ 连续，a,m 为常数，将 $I=\displaystyle\int_0^a\mathrm{d}y\int_0^y\mathrm{e}^{m(a-x)}f(x)\,\mathrm{d}x$ 写成定积分时，$I=$

_____．

（4）将积分 $I=\displaystyle\int_0^1\mathrm{d}x\int_x^{\sqrt{2-x^2}}f(x,y)\,\mathrm{d}y$ 化为极坐标系下的二次积分，则 $I=$ _____．

2. 选择题：

（1）设 $D=\{(x,y)\mid x^2+y^2\leqslant a^2\}$，则将二重积分 $I=\displaystyle\iint\limits_{D}f(x,y)\,\mathrm{d}\sigma$ 化为二次积分的正确做法是（　　）．

A. $I=\displaystyle\int_{-a}^a\mathrm{d}x\int_{-a}^a f(x,y)\,\mathrm{d}y$　　　　　　B. $I=\displaystyle\int_{-a}^a\mathrm{d}x\int_{-\sqrt{a^2-x^2}}^{\sqrt{a^2-x^2}}f(x,y)\,\mathrm{d}y$

C. $I=2\displaystyle\int_{-a}^a\mathrm{d}x\int_0^{\sqrt{a^2-x^2}}f(x,y)\,\mathrm{d}y$　　　D. $I=4\displaystyle\int_0^a\mathrm{d}x\int_0^{\sqrt{a^2-x^2}}f(x,y)\,\mathrm{d}y$

（2）设 $D=\left\{(x,y)\mid 0\leqslant x\leqslant\dfrac{\pi}{4},-1\leqslant y\leqslant 1\right\}$，则二重积分 $\displaystyle\iint\limits_{D}x\cos 2xy\mathrm{d}x\mathrm{d}y$ 的值是（　　）．

A. 0　　　　　　B. $-\dfrac{1}{2}$　　　　　　C. $\dfrac{1}{2}$　　　　　　D. $\dfrac{1}{4}$

（3）设 $D=\{(x,y)\mid x^2+y^2\leqslant a^2\}$，若 $\displaystyle\iint\limits_{D}(x^2+y^2)\,\mathrm{d}x\mathrm{d}y=8\pi$，则 $a=$（　　）．

A. 2　　　　　　B. 4　　　　　　C. $\sqrt[3]{4}$　　　　　　D. $\sqrt[3]{6}$

（4）交换二次积分 $I=\displaystyle\int_1^2\mathrm{d}y\int_{\frac{1}{y}}^y f(x,y)\,\mathrm{d}x$ 的积分次序，则 $I=$（　　）．

A. $\displaystyle\int_{\frac{1}{2}}^{2}\mathrm{d}x\int_{1}^{2}f(x,y)\,\mathrm{d}y$ B. $\displaystyle\int_{\frac{1}{2}}^{2}\mathrm{d}x\int_{\frac{1}{x}}^{2}f(x,y)\,\mathrm{d}y$

C. $\displaystyle\int_{0}^{2}\mathrm{d}x\int_{x}^{2}f(x,y)\,\mathrm{d}y$ D. $\displaystyle\int_{\frac{1}{2}}^{1}\mathrm{d}x\int_{\frac{1}{x}}^{2}f(x,y)\,\mathrm{d}y+\int_{1}^{2}\mathrm{d}x\int_{x}^{2}f(x,y)\,\mathrm{d}y$

3. 计算下列二重积分.

（1）$\displaystyle\iint_{D}\frac{x^{2}}{1+y^{2}}\mathrm{d}\sigma$，其中 $D=\{(x,y)\mid 0\leqslant x\leqslant 1,0\leqslant y\leqslant 1\}$；

（2）$\displaystyle\iint_{D}\cos(x+y)\,\mathrm{d}x\mathrm{d}y$，其中 D 是由 $x=0,y=x,y=\pi$ 所围成的区域；

（3）$\displaystyle\iint_{D}\frac{x^{2}}{y^{2}}\mathrm{d}\sigma$，其中 D 是由 $y=2,y=x,xy=1$ 所围成的区域；

（4）$\displaystyle\iint_{D}\frac{x\sin y}{y}\mathrm{d}x\mathrm{d}y$，其中 D 是由 $y=x,y=x^{2}$ 所围成的区域.

班级　　　　学号　　　　姓名

4. 画出积分区域,并计算下列二重积分.

(1) $\iint\limits_{D}(3x^3+y)\mathrm{d}x\mathrm{d}y$,其中 D 是两条抛物线 $y=x^2$ 与 $y=4x^2$ 之间、直线 $y=1$ 以下的闭区域;

(2) $\iint\limits_{D}\mathrm{e}^{x+y}\mathrm{d}x\mathrm{d}y$,其中 $D=\{(x,y)\mid|x|+|y|\leqslant 1\}$;

(3) $\iint\limits_{D}(1+x)\sin y\mathrm{d}x\mathrm{d}y$,其中 D 是以点 $(0,0),(1,0),(1,2),(0,1)$ 为顶点的梯形;

(4) $\iint\limits_{D}\dfrac{\mathrm{e}^{xy}}{y^y-1}\mathrm{d}\sigma$,其中 D 是由 $y=\mathrm{e}^x,y=2$ 和 $x=0$ 所围成的区域.

5. 将下列二重积分 $I = \iint\limits_{D} f(x,y)\mathrm{d}\sigma$ 化为二次积分(两种次序都要),其中积分区域 D 是:

(1) 由 $y = \sqrt{x-1}$, $y = 1-x$ 及 $y = 1$ 所围成;

(2) 在第三象限内由 $y = 2x$, $x = 2y$ 及 $xy = 2$ 所围成.

6. 交换下列二次积分的积分次序:

(1) $\displaystyle\int_{-6}^{2}\mathrm{d}x\int_{\frac{1}{4}x^2-1}^{2-x} f(x,y)\mathrm{d}y$;

(2) $\displaystyle\int_{0}^{2a}\mathrm{d}x\int_{\sqrt{2ax-x^2}}^{\sqrt{2ax}} f(x,y)\mathrm{d}y$;

(3) $\displaystyle\int_{0}^{1}\mathrm{d}x\int_{-\sqrt{x}}^{\sqrt{x}} f(x,y)\mathrm{d}y + \int_{1}^{4}\mathrm{d}x\int_{x-2}^{\sqrt{x}} f(x,y)\mathrm{d}y$.

7. 设平面薄板由曲线 $xy=1$ 及直线 $x+y=\dfrac{5}{2}$ 所围成,质量面密度为 $\dfrac{1}{x}$,求该薄板的质量.

8. 求由坐标平面,平面 $x=4$,$y=4$ 及抛物面 $z=x^2+y^2+1$ 所围成的立体的体积.

9. 计算二重积分 $\iint\limits_{D} \mathrm{e}^{\max\{x^2,y^2\}}\mathrm{d}x\mathrm{d}y$,其中 $D=\left\{(x,y)\mid 0\leqslant x\leqslant 1,0\leqslant y\leqslant 1\right\}$.

10. 将二重积分 $\iint\limits_{D} f(x,y)\mathrm{d}x\mathrm{d}y$ 化为极坐标系下的二次积分,其中积分区域 D 是:

（1）由 $y=0$,$x=1$ 及 $y=x^2$ 所围成;

（2）圆 $x^2+y^2=ax$ 与圆 $x^2+y^2=2ax(a>0)$ 之间的区域.

11. 将下列各题中的二次积分化为极坐标形式的二次积分:

(1) $\int_0^1 \mathrm{d}x \int_{\sqrt{1-x^2}}^{\sqrt{4-x^2}} f(x,y)\,\mathrm{d}y + \int_1^2 \mathrm{d}x \int_0^{\sqrt{4-x^2}} f(x,y)\,\mathrm{d}y$;

(2) $\int_0^{2R} \mathrm{d}y \int_0^{\sqrt{2Ry-y^2}} f(x,y)\,\mathrm{d}x$;

(3) $\int_0^{\frac{R}{\sqrt{1+R^2}}} \mathrm{d}x \int_0^{Rx} f\left(\frac{y}{x}\right)\mathrm{d}y + \int_{\frac{R}{\sqrt{1+R^2}}}^{R} \mathrm{d}x \int_0^{\sqrt{R^2-x^2}} f\left(\frac{y}{x}\right)\mathrm{d}y$.

12. 利用极坐标计算下列二重积分:

(1) $\iint\limits_D \ln(1+x^2+y^2)\,\mathrm{d}\sigma$,其中 $D = \{(x,y) \mid x^2+y^2 \le 1\}$;

（2）$\iint\limits_{D} \sqrt{a^2-x^2-y^2}\,\mathrm{d}\sigma$，其中 $D = \{(x,y) \mid x^2+y^2 \leqslant ay, |y| \geqslant |x| \ (a>0)\}$；

（3）$\iint\limits_{D} \sin\sqrt{x^2+y^2}\,\mathrm{d}\sigma$，其中 $D = \{(x,y) \mid \pi^2 \leqslant x^2+y^2 \leqslant 4\pi^2\}$；

（4）$\iint\limits_{D} (x^2+y^2)\,\mathrm{d}\sigma$，其中 $D = \{(x,y) \mid x^2+y^2 \geqslant 2x, x^2+y^2 \leqslant 4x\}$.

13. 选用适当的坐标计算下列积分：

（1）$\iint\limits_{D} x^2 \mathrm{e}^{-y^2}\,\mathrm{d}\sigma$，其中 D 是由直线 $y=x, y=1$ 及 y 轴所围成的平面区域；

（2）$\int_1^2 \mathrm{d}x \int_{\sqrt{x}}^x \sin\dfrac{\pi x}{2y}\mathrm{d}y + \int_2^4 \mathrm{d}x \int_{\sqrt{x}}^2 \sin\dfrac{\pi x}{2y}\mathrm{d}y$；

（3）$\int_0^a \mathrm{d}x \int_{-x}^{-a+\sqrt{a^2-x^2}} \dfrac{1}{\sqrt{x^2+y^2}\sqrt{4a^2-(x^2+y^2)}}\mathrm{d}y$；

（4）$\displaystyle\iint\limits_{D} x(y+1)\mathrm{d}\sigma$，其中 $D = \{(x,y) \mid x^2+y^2 \geqslant 1, x^2+y^2-2x \leqslant 0\}$.

第三节 三重积分

1. 填空题：

（1）$\iiint\limits_{x^2+y^2+z^2\leqslant 1}\left[\dfrac{z^3\ln(x^2+y^2+z^2+1)}{x^2+y^2+z^2+1}+1\right]dV=$ _____.

（2）设 $\Omega=\{(x,y,z)\mid 0\leqslant x\leqslant a,0\leqslant y\leqslant b,0\leqslant z\leqslant c\}$，则 $\iiint\limits_{\Omega}xyzdV=$ _____.

（3）设 Ω 由曲面 $z=x^2+y^2$ 与平面 $z=4$ 所围成，则 $\iiint\limits_{\Omega}zdV=$ _____.

*（4）设 $\Omega=\{(x,y,z)\mid x^2+y^2+z^2\leqslant 1,x\geqslant 0,y\geqslant 0,z\geqslant 0\}$，则 $\iiint\limits_{\Omega}xyzdV=$ _____.

2. 选择题：

（1）设 Ω 是由 $x=0,y=0,z=0$ 及 $x+2y+z=1$ 所围成的空间有界域，则 $\iiint\limits_{\Omega}xdxdydz=$
（   ）.

A. $\displaystyle\int_0^1 dx\int_0^1 dy\int_0^{1-x-2y}xdz$ B. $\displaystyle\int_0^1 dx\int_0^{\frac{1-x}{2}}dz\int_0^{1-x-2y}xdy$

C. $\displaystyle\int_0^1 dx\int_0^{\frac{1-x}{2}}dy\int_0^{1-x-2y}xdz$ D. $\displaystyle\int_0^1 dx\int_0^1 dy\int_0^1 xdz$

（2）设 Ω 是由锥面 $x^2+y^2=z^2$ 及平面 $z=1$ 所围成的空间区域，则积分
$\iiint\limits_{\Omega}\sqrt{x^2+y^2}dxdydz=$（   ）.

A. $\dfrac{\pi}{3}$ B. $\dfrac{\pi}{6}$ C. $\dfrac{\pi}{8}$ D. $\dfrac{\pi}{16}$

（3）设 V 是由曲面 $z=\dfrac{1}{2}(x^2+y^2+z^2)$ 与 $z=x^2+y^2$ 所围成较小部分立体的体积，则 $V=$
（   ）.

A. $\displaystyle\int_0^{2\pi}d\theta\int_0^1\rho d\rho\int_{\rho^2}^{\sqrt{1-\rho^2}}dz$ B. $\displaystyle\int_0^{2\pi}d\theta\int_0^1\rho d\rho\int_1^{1-\sqrt{1-\rho^2}}dz$

C. $\displaystyle\int_0^{2\pi}d\theta\int_0^1\rho d\rho\int_{\rho^2}^{1-\rho}dz$ D. $\displaystyle\int_0^{2\pi}d\theta\int_0^1\rho d\rho\int_{1-\sqrt{1-\rho^2}}^{\rho^2}dz$

*(4) 设 $\Omega=\{(x,y,z)\mid x^2+y^2+z^2\leqslant a^2,z\geqslant 0\}$，则 $\iiint\limits_{\Omega}z\mathrm{d}x\mathrm{d}y\mathrm{d}z=($ $)$.

A. $\dfrac{\pi}{4}a^4$ B. $\dfrac{\pi}{8}a^4$ C. $\dfrac{\pi}{16}a^4$ D. $\dfrac{\pi}{3}a^4$

3. 利用直角坐标计算下列三重积分：

(1) $\displaystyle\int_1^2\mathrm{d}x\int_1^x\mathrm{d}y\int_0^{\frac{\pi}{2xy}}\sin(xyz)\,\mathrm{d}z$；

(2) $\iiint\limits_{\Omega}y\sqrt{1-x^2}\,\mathrm{d}x\mathrm{d}y\mathrm{d}z$，其中 Ω 是由曲面 $y=\sqrt{1-x^2-z^2}$，$x^2+z^2=1$ 与平面 $y=1$ 所围成的区域；

(3) $\iiint\limits_{\Omega}z^2\mathrm{d}x\mathrm{d}y\mathrm{d}z$，其中 Ω 是由 $\dfrac{x}{a}+\dfrac{y}{b}+\dfrac{z}{c}=1$，$x=0$，$y=0$，$z=0$ 所围成的区域.

4. 利用柱面坐标计算下列积分：

（1）$\iiint\limits_{\Omega} \mathrm{d}V$，其中 Ω 是由柱面 $x^2+y^2=2ax$，抛物面 $x^2+y^2=2az(a>0)$ 与平面 $z=0$ 所围成的有界闭区域；

（2）$\iiint\limits_{\Omega} \sqrt{x^2+y^2}\,\mathrm{d}V$，其中 Ω 为 $x^2+y^2 \leqslant z^2$，$1 \leqslant z \leqslant 2$；

（3）$\iiint\limits_{\Omega} (x^2+y^2)\mathrm{d}V$，其中 Ω 是由曲线 $\begin{cases} y^2=2z, \\ x=0 \end{cases}$ 绕 z 轴旋转一周而成的曲面与平面 $z=2, z=8$ 所围成的闭区域.

*5. 利用球面坐标计算下列积分：

（1）$\iiint\limits_{\Omega} \sqrt{x^2+y^2+z^2}\,\mathrm{d}V$，其中 $\Omega=\{(x,y,z) \mid x^2+y^2+z^2 \leqslant z\}$；

（2）$\iiint\limits_{\Omega}(x+z)\,\mathrm{d}V$，其中 Ω 是由锥面 $z=\sqrt{x^2+y^2}$ 与上半球面 $z=\sqrt{1-x^2-y^2}$ 所围成的区域；

（3）$\iiint\limits_{\Omega}\left(\dfrac{x}{a}+\dfrac{y}{b}+\dfrac{z}{c}\right)^2\mathrm{d}V$，其中 $\Omega=\{(x,y,z)\mid x^2+y^2+z^2\leqslant R^2\}$.

6. 选用适当的坐标计算下列三重积分：

（1）$\displaystyle\int_0^1\mathrm{d}x\int_0^{\sqrt{1-x^2}}\mathrm{d}y\int_{\sqrt{x^2+y^2}}^{\sqrt{2-x^2-y^2}}z^2\,\mathrm{d}z$；

（2）$\iiint\limits_{\Omega} x^2 z \mathrm{d}x\mathrm{d}y\mathrm{d}z$，其中 Ω 是由平面 $z=0, z=y, y=1$ 以及柱面 $y=x^2$ 所围成的闭区域；

*（3）$\iiint\limits_{\Omega} (x+y+z)^2 \mathrm{d}V$，其中 $\Omega = \{(x,y,z) \mid x^2+y^2+z^2 \leqslant 2az\}$.

7. 曲面 $x^2+y^2=az$ 将球体 $x^2+y^2+z^2 \leqslant 4az$ 分成两部分，求此两部分体积之比.

8. 形如 $z=x^2+y^2$ 的容器，已盛有 $8\pi \ \mathrm{cm}^3$ 的水，今又注入 $120\pi \ \mathrm{cm}^3$ 的水，问水面升高多少？

第四节　重积分的应用

1. 填空题：

（1）平面 $\dfrac{x}{a}+\dfrac{y}{b}+\dfrac{z}{c}=1$ 被三坐标面所截出的有限部分的面积 $S=$_____.

（2）立体 Ω 由抛物面 $z=x^2+y^2$ 与锥面 $z=2-\sqrt{x^2+y^2}$ 所围成，则 Ω 的表面积 $S=$
_____.

（3）曲线 $ay=x^2$ 与 $x+y=2a(a>0)$ 所围闭区域 D 的形心为_____.

（4）抛物线 $y=x^2$ 及直线 $y=1$ 所围成的平面薄片（面密度为 μ）对 x 轴的转动惯量
为_____.

2. 选择题：

（1）锥面 $z=\sqrt{x^2+y^2}$ 被柱面 $z^2=2x$ 所截部分的面积 $S=($　　　$)$.

A. π 　　　　　　B. 2π 　　　　　　C. 4π 　　　　　　D. $\sqrt{2}\,\pi$

（2）位于两圆 $\rho=2\sin\theta$ 与 $\rho=4\sin\theta$ 之间均匀薄板的形心坐标是($　　　$).

A. $\bar{x}=0,\bar{y}=0$ 　　B. $\bar{x}=0,\bar{y}=3$ 　　C. $\bar{x}=0,\bar{y}=\dfrac{7}{3}$ 　　D. $\bar{x}=0,\bar{y}=\dfrac{8}{3}$

（3）一均匀物体（设密度 $\mu=1$）由抛物面 $z=x^2+y^2$ 与平面 $z=1$ 所围成，则该物体的
质心坐标为($　　　$).

A. $(0,0,1)$ 　　B. $\left(0,0,\dfrac{1}{3}\right)$ 　　C. $\left(0,0,\dfrac{2}{3}\right)$ 　　D. $\left(0,0,\dfrac{3}{4}\right)$

（4）质量密度均匀（设密度为 μ）的立方体占有空间区域 $\Omega=\{(x,y,z)\mid 0\leqslant x\leqslant 1,$
$0\leqslant y\leqslant 1,0\leqslant z\leqslant 1\}$，该立方体关于 Oz 轴的转动惯量 $I_z=($　　　$)$.

A. $\dfrac{1}{3}\mu$ 　　　　B. $\dfrac{2}{3}\mu$ 　　　　C. μ 　　　　D. $\dfrac{4}{3}\mu$

3. 求球面 $x^2+y^2+z^2=4a^2$ 含在圆柱面 $x^2+y^2=2ax(a>0)$ 内部的那部分面积.

4. 在半径为 R 的均匀半圆形薄片的直径上,要接上一个一边与直径等长的均匀矩形薄片,为了使整个均匀薄片的质心恰好落在圆心上,问接上去的均匀薄片另一边的长度是多少?

5. 设一薄板由曲线 $y = \ln x$,直线 $y = 0$ 及 $x = e$ 所围成,其密度 $\mu = 1$,求此薄板绕直线 $x = t$ 旋转的转动惯量 $I(t)$,并问 t 为何值时,$I(t)$ 最小?

6. 设有半径为 R、高为 H 的正圆锥体(密度为 μ),求该圆锥体对位于其顶点处质量为 m 的质点的引力.

*第五节　含参变量的积分

1. 求下列各参变量的积分所确定的函数的极限:

（1）$\lim\limits_{y \to 0} \int_{-1}^{1} \sqrt{x^2 + y^2}\, \mathrm{d}x$;

（2）$\lim\limits_{n \to \infty} \int_{0}^{1} \dfrac{\mathrm{d}x}{1 + \left(1 + \dfrac{x}{n}\right)^n}$.

2. 求下列函数的导数:

（1）$\varphi(y) = \displaystyle\int_{-\pi}^{\pi} \dfrac{\mathrm{d}x}{(1 + y\sin x)^2}$, $y \in (-1, 1)$;

（2）$F(y) = \int_{a+y}^{b+y} \frac{\sin yx}{x} \mathrm{d}x.$

3. 证明：函数 $y(x) = \int_0^x \varphi(t) \sin(x-t) \mathrm{d}t$ 满足方程

$$y''(x) + y(x) = \varphi(x), \quad y(0) = 0,$$

其中 $\varphi(x)$ 是连续函数.

4. 应用对参数的微分法，计算积分 $I(a) = \int_0^{\frac{\pi}{2}} \ln(\sin^2 x + a^2 \cos^2 x) \mathrm{d}x \, (a>0).$

第十章综合练习题

1. 填空题：

（1）二次积分 $\int_0^1 dx \int_x^1 x\sin y^3 dy = $ _____.

（2）设 D 由曲线 $x=\sqrt{y-y^2}$，$x=\sqrt{2y-y^2}$，$y=x$，$y=\sqrt{3}x$ 围成，$f(x,y)$ 在 D 内连续，则二重积分 $\iint_D f(x,y)d\sigma$ 在极坐标系下的二次积分是_____.

（3）设 $D=\{(x,y)\mid x\geq 0,y\geq 0,x+y\leq 1\}$，则二重积分 $\iint_D \min\{x,y\}d\sigma = $ _____.

（4）$\lim\limits_{t\to 0^+}\dfrac{\int_0^{\sqrt{t}}dx\int_{x^2}^t \sin y^2 dy}{(e^{t^2}-1)\arctan t^{\frac{3}{2}}} = $ _____.

（5）与三次积分 $\int_0^1 dx\int_0^{1-x}dy\int_0^{x+y}f(x,y,z)dz$ 对应的积分次序为先 x 后 y 再 z 的三次积分是_____.

2. 选择题：

（1）设 D 由直线 $x=0$，$y=0$，$x+y=\dfrac{1}{2}$，$x+y=1$ 所围成，$I_1=\iint_D [\ln(x+y)]^7 d\sigma$，$I_2=\iint_D (x+y)^7 d\sigma$，$I_3=\iint_D [\sin(x+y)]^7 d\sigma$，则 I_1,I_2,I_3 的关系为（　　）.

A. $I_1<I_2<I_3$　　B. $I_3<I_2<I_1$　　C. $I_1<I_3<I_2$　　D. $I_3<I_1<I_2$

（2）设 $D=\{(x,y)\mid x^2+y^2\leq a^2,x\geq 0,y\geq 0\}$，则 $\iint_D \sqrt{a^2-x^2-y^2}d\sigma = $（　　）.

A. $\dfrac{1}{3}\pi a^3$　　B. $\dfrac{2}{3}\pi a^3$　　C. $\dfrac{4}{3}\pi a^3$　　D. $\dfrac{1}{6}\pi a^3$

（3）设 $f(x,y)$ 连续，且 $f(x,y)=xy+\iint_D f(u,v)dudv$，其中 D 是由 $y=0$，$y=\sqrt{x}$ 及 $x=1$ 所围成的区域，则 $f(x,y)=$（　　）.

A. $xy+1$　　B. $xy+\dfrac{1}{2}$　　C. $xy+\dfrac{1}{3}$　　D. $xy+\dfrac{1}{4}$

（4）由不等式 $z \leqslant 6-x^2-y^2, z \geqslant \sqrt{x^2+y^2}$ 及 $x^2+y^2 \leqslant 1$ 所表示的立体的体积等于（ ）.

A. $\int_0^{2\pi} \mathrm{d}\theta \int_0^1 \rho \mathrm{d}\rho \int_\rho^{6-\rho^2} \mathrm{d}z$ B. $\int_0^{2\pi} \mathrm{d}\theta \int_0^2 \rho \mathrm{d}\rho \int_\rho^{6-\rho^2} \mathrm{d}z$

C. $\int_0^{2\pi} \mathrm{d}\theta \int_0^1 \rho \mathrm{d}\rho \int_0^{6-\rho^2} \mathrm{d}z$ D. $\int_0^{2\pi} \mathrm{d}\theta \int_0^{\sqrt{3}} \rho \mathrm{d}\rho \int_0^{6-\rho^2} \mathrm{d}z$

（5）球面 $x^2+y^2+z^2=4z$ 被锥面 $\sqrt{3}z=\sqrt{x^2+y^2}$ 截得较小部分的面积为（ ）.

A. π B. 2π C. 4π D. 6π

3. 计算下列各题.

（1）$\int_0^e \mathrm{d}y \int_1^2 \frac{\ln x}{\mathrm{e}^x} \mathrm{d}x + \int_e^{e^2} \mathrm{d}y \int_{\ln y}^2 \frac{\ln x}{\mathrm{e}^x} \mathrm{d}x$；

（2）$\iint\limits_D (2+|x-y|) \mathrm{d}\sigma$，其中 $D=\{(x,y)\,|\,0 \leqslant x \leqslant 1, 0 \leqslant y \leqslant \sqrt{1-x^2}\}$；

（3）$\iint\limits_D \left(\frac{y^2}{x} + \frac{1}{\sqrt[3]{x^2+y^2-1}}\right) \mathrm{d}\sigma$，其中 D 由 $x=\sqrt{9-y^2}$，$x=\sqrt{2-y^2}$ 及 $y^2=3x^2$ 围成；

（4）$\iiint\limits_{\Omega} z^2 \mathrm{d}V$，其中 Ω 是由上半球面 $z = \sqrt{1-x^2-y^2}$ 及锥面 $z+1 = \sqrt{x^2+y^2}$ 所围成的区域.

4. 求抛物面 $z = x^2+y^2+1$ 的一个切平面，使得它与该抛物面及圆柱面 $(x-1)^2+y^2 = 1$ 围成的立体体积最小，并求出这个最小的体积.

5. 试证 $\iiint\limits_{x^2+y^2+z^2 \leqslant 1} f(z)\,\mathrm{d}x\mathrm{d}y\mathrm{d}z = \pi \int_{-1}^{1} f(u)(1-u^2)\,\mathrm{d}u$. 并由此计算 $\iiint\limits_{x^2+y^2+z^2 \leqslant 1} (z^4 + z^2 \sin^3 z)\,\mathrm{d}x\mathrm{d}y\mathrm{d}z$.

6. 用二重积分证明：xOy 平面上曲线弧 $y = f(x)$（$a \leqslant x \leqslant b, f(x) \geqslant 0$）绕 x 轴旋转所得旋转曲面的面积为 $S = 2\pi \int_{a}^{b} f(x) \sqrt{1+[f'(x)]^2}\,\mathrm{d}x$，其中 $y = f(x)$ 连续可导.

第十一章　曲线积分与曲面积分

第一节　对弧长的曲线积分

1. 填空题：

（1）设 L 是连接原点 $(0,0)$ 和点 $(1,1)$ 的直线段，则 $\int_L y\mathrm{d}s =$ ＿＿＿＿＿＿.

（2）设 L 是圆心在原点、半径为 a 的右半圆，则 $\int_L x\mathrm{d}s =$ ＿＿＿＿＿＿.

（3）设 L 是圆周 $x^2+y^2=a^2(a>0)$，则 $\oint_L \sqrt{x^2+y^2}\,\mathrm{d}s =$ ＿＿＿＿＿＿.

（4）设 L 为椭圆 $\dfrac{x^2}{4}+\dfrac{y^2}{3}=1$，其周长为 a，则 $\oint_L (2xy+3x^2+4y^2)\,\mathrm{d}s =$ ＿＿＿＿＿＿.

2. 选择题：

（1）设 L 是原点 $O(0,0)$ 到点 $A(3,4)$ 的直线段，则 $\int_L (x-y)\,\mathrm{d}s = ($　　　$)$.

A. $\displaystyle\int_0^3 \left(x-\dfrac{4}{3}x\right)\mathrm{d}x$
    B. $\displaystyle\int_0^3 \left(x-\dfrac{4}{3}x\right)\sqrt{1+\dfrac{16}{9}}\,\mathrm{d}x$

C. $\displaystyle\int_0^4 \left(\dfrac{3}{4}y-y\right)\mathrm{d}y$
    D. $\displaystyle\int_0^{\frac{3}{4}} \left(\dfrac{3}{4}y-y\right)\sqrt{1+\dfrac{9}{16}}\,\mathrm{d}y$

（2）设 L 是直线 $x-2y=6$ 上从点 $A(0,-3)$ 到点 $B(6,0)$ 的一段，则 $\displaystyle\int_L \dfrac{1}{x-y}\mathrm{d}s =$（　　　）.

A. $\sqrt{5}\ln 2$
    B. $\ln 2$

C. $\sqrt{5}\ln 3$
    D. $2\sqrt{5}\ln 2$

（3）设曲线 $\Gamma: x=t,\ y=\dfrac{t^2}{2},\ z=\dfrac{t^3}{3}(0\leqslant t\leqslant 1)$，其线密度 $\mu=\sqrt{2y}$，则 Γ 的质量为（　　　）.

A. $\displaystyle\int_0^1 t\sqrt{1+t^2+t^4}\,\mathrm{d}t$
    B. $\displaystyle\int_0^1 2t^3\sqrt{1+t^2+t^4}\,\mathrm{d}t$

C. $\displaystyle\int_0^1 \sqrt{1+t^2+t^4}\,\mathrm{d}t$
    D. $\displaystyle\int_0^1 \sqrt{t}\cdot\sqrt{1+t^2+t^4}\,\mathrm{d}t$

（4）设 L 是抛物线 $y^2=2px(p>0)$ 上由原点 $(0,0)$ 到点 (x_0,y_0) 的一段弧，其线密度

$\mu(x,y)=y$, 则 L 的质量为( ).

A. $\dfrac{y_0^2}{2}$

B. $\dfrac{1}{3p}\left[(y_0^2+p^2)^{\frac{3}{2}}-p^3\right]$

C. $\dfrac{2}{3p}\left[(y_0^2+p^2)^{\frac{3}{2}}-p^3\right]$

D. $-\dfrac{y_0^2}{2}$

3. 计算下列对弧长的曲线积分.

(1) $\displaystyle\int_L \sqrt{y}\,\mathrm{d}s$, 其中 L 是抛物线 $y=x^2$ 上从点 $O(0,0)$ 到点 $A(1,1)$ 的弧段.

(2) $\displaystyle\oint_L (x+y)\,\mathrm{d}s$, 其中 L 是以 $O(0,0)$, $A(0,1)$, $B(1,0)$ 为顶点的三角形的边界.

(3) $\displaystyle\oint_L (x^2+y^2)\,\mathrm{d}s$, 其中 L 为圆周 $x^2+y^2=ax\,(a>0)$.

(4) $\displaystyle\int_L (x^3+y^3)\,\mathrm{d}s$, 其中 L 是半圆周 $y=\sqrt{a^2-x^2}$ 上由点 $A(-a,0)$ 到点 $B(a,0)$ 的一段弧.

（5）$\int_L y\mathrm{d}s$，其中 L 是摆线 $x=a(t-\sin t)$，$y=a(1-\cos t)$ 的一拱 $(0\leqslant t\leqslant 2\pi)$.

（6）$\int_\Gamma z\mathrm{d}s$，其中 Γ 由参数方程 $x=t\cos t$，$y=t\sin t$，$z=t(0\leqslant t\leqslant\pi)$ 给定.

4. 设 L 是星形线 $x^{\frac{2}{3}}+y^{\frac{2}{3}}=a^{\frac{2}{3}}$ 在第一象限的一段，当线密度 $\mu(x,y)=1$ 时，求（1）L 的长 s；（2）L 的质心；（3）L 对 x 轴的转动惯量.

第二节　对坐标的曲线积分

1. 填空题:

（1）已知一质点在力 $\boldsymbol{F}=3\boldsymbol{i}+4\boldsymbol{j}$ 的作用下,沿 xOy 平面内光滑曲线 L 从点 A 移动到点 B,则力 $\boldsymbol{F}$ 所做的功 $W=$＿＿＿＿＿.

（2）设 L 是从原点 $O(0,0)$ 到点 $A(1,2)$ 的直线段,则 $\displaystyle\int_L xy\mathrm{d}x+(y-x)\mathrm{d}y=$＿＿＿＿＿.

（3）设 L 是沿右半圆 $x=\sqrt{a^2-y^2}$ 上点 $(0,-a)$ 到点 $(0,a)$ 的半圆弧,则 $\displaystyle\int_L x\mathrm{d}y=$ ＿＿＿＿＿.

（4）设 $\varGamma$ 是曲线 $x=t,y=t^2,z=t^3$ 依参数 t 增加的方向 $(0\leqslant t\leqslant1)$ 上的一段弧,则 $\displaystyle\int_\varGamma (y^2-z^2)\mathrm{d}x+2yz\mathrm{d}y-x^2\mathrm{d}z=$＿＿＿＿＿.

2. 选择题:

（1）在力 $\boldsymbol{F}=y^2\boldsymbol{i}-x\boldsymbol{j}$ 的作用下,质点沿曲线 $L:y=x^2$ 由原点 $O(0,0)$ 移动到点 $A(1,1)$,则力 $\boldsymbol{F}$ 所做的功为（　　　）.

A. $-\dfrac{13}{15}$　　　　　B. $\dfrac{2}{10}$　　　　　C. $\dfrac{7}{15}$　　　　　D. $-\dfrac{7}{15}$

（2）设 L 为曲线 $y=-\sqrt{x}$ 上对应于由点 $(1,-1)$ 到点 $(0,0)$ 的一段弧,则 $\displaystyle\int_L (x-y)\mathrm{d}y=$ （　　　）.

A. $\displaystyle\int_{-1}^0 (y^2-y)\mathrm{d}y$　　　　　　　　B. $\displaystyle\int_0^1 (y^2-y)\mathrm{d}y$

C. $\displaystyle\int_1^0 \dfrac{\sqrt{x}+1}{2}\mathrm{d}x$　　　　　　　D. $\displaystyle\int_0^1 (x+\sqrt{x})\sqrt{1+\dfrac{1}{4x}}\mathrm{d}x$

（3）设 L 是沿右半单位圆 $x=\sqrt{1-y^2}$ 上从点 $(0,1)$ 到点 $(0,-1)$ 的半圆弧,则 $\displaystyle\int_L x\mathrm{d}y=$ （　　　）.

A. $\displaystyle\int_0^1 \dfrac{x^2}{\sqrt{1-x^2}}\mathrm{d}x$　　　　　　　B. $\displaystyle\int_{-1}^1 \sqrt{1-y^2}\mathrm{d}y$

C. $\displaystyle\int_{1}^{-1}\sqrt{1-y^2}\,\mathrm{d}y$ D. $\displaystyle 2\int_{0}^{1}\frac{x^2}{\sqrt{1-x^2}}\,\mathrm{d}x$

（4）设 L 为抛物线 $2y=x^2$ 上从点 $A\left(1,\dfrac{1}{2}\right)$ 到点 $B(2,2)$ 的弧段，则 $\displaystyle\int_{L}\frac{2x}{y}\mathrm{d}x-\frac{x^2}{y^2}\mathrm{d}y=$

（　　）.

A. -3 B. 0 C. $\dfrac{3}{2}$ D. 3

3. 计算下列对坐标的曲线积分.

（1）$\displaystyle\int_{L}y^2\mathrm{d}x-xy\mathrm{d}y$，其中 L 为抛物线 $y=\sqrt{x}$ 上从点 $(0,0)$ 到点 $(1,1)$ 的一段弧.

（2）$\displaystyle\int_{L}(x^2+2xy)\mathrm{d}y$，其中 L 是椭圆 $\dfrac{x^2}{a^2}+\dfrac{y^2}{b^2}=1$ 由点 $A(a,0)$ 经点 $B(0,b)$ 到点 $C(-a,0)$ 的弧段.

（3）$\displaystyle\int_{L}(x^2+y^2)\mathrm{d}x+(x^2-y^2)\mathrm{d}y$，其中 L 为 $y=1-\left|\,1-x\,\right|$（$0\leqslant x\leqslant2$），沿 x 增大方向.

（4）$\displaystyle\int_{\Gamma}xyz\mathrm{d}z$，其中 Γ 是用平面 $y=z$ 截球面 $x^2+y^2+z^2=1$ 所得的截痕，从 z 轴正向看去，沿逆时针方向.

4. 计算曲线积分 $I = \int_L (x^2-y^2)\,\mathrm{d}x + xy\,\mathrm{d}y$，$L$ 从点 $O(0,0)$ 到点 $A(1,1)$，其中（1）L：$y = \sqrt{2x-x^2}$；（2）L 从点 O 沿直线 $y = -x$ 经点 $B(-1,1)$，再由圆弧 $y = \sqrt{2-x^2}$ 到点 A.

5. 计算曲线积分 $I = \int_L x\,\mathrm{d}y - y\,\mathrm{d}x$，其中 L 为曲线 $y = |\sin x|$ 从点 $A(2\pi,0)$ 到点 $O(0,0)$ 的一段.

6. 在过点 $O(0,0)$ 和点 $A(\pi,0)$ 的曲线族 $y = a\sin x\,(a>0)$ 中，求一条曲线 L，使沿该曲线从 O 到 A 的积分 $I = \int_L (1+y^3)\,\mathrm{d}x + (2x+y)\,\mathrm{d}y$ 的值最小.

第三节　格林公式及其应用

1. 填空题：

（1）设 L 是以 $O(0,0)$，$A(2,0)$，$B(2,1)$ 为顶点的三角形正向边界，则 $\oint_L y\mathrm{d}x - x\mathrm{d}y =$ _____.

（2）设 L 为正向圆周 $x^2+y^2=9$，则 $\oint_L (2xy-2y)\mathrm{d}x+(x^2-4x)\mathrm{d}y =$ _____.

（3）设 L 为抛物线 $y=x^2$ 上从点 $O(0,0)$ 到点 $A(1,1)$ 的一段弧，则 $\int_L (\mathrm{e}^y+x)\mathrm{d}x + x\mathrm{e}^y\mathrm{d}y =$ _____.

（4）设 $f(x,y)$ 在 $\dfrac{x^2}{4}+y^2\leqslant 1$ 上具有二阶连续偏导数，L 是椭圆 $\dfrac{x^2}{4}+y^2=1$ 的顺时针方向，则 $\oint_L \left[3y+f_x(x,y)\right]\mathrm{d}x+f_y(x,y)\mathrm{d}y =$ _____.

2. 选择题：

（1）设 L 是 $x=0$，$y=0$ 及 $x+y=2$ 所围成的三角形的正向边界，则 $\oint_L (x+y)\mathrm{d}x - 2x\mathrm{d}y = ($ 　　).

A. 6 　　　　　　B. -6 　　　　　　C. 3 　　　　　　D. -3

（2）设 L 是圆域 $x^2+y^2\leqslant -2x$ 的正向边界，则 $\oint_L (x^2-y)\mathrm{d}x+(x-y^2)\mathrm{d}y = ($ 　　).

A. -2π 　　　　B. 0 　　　　C. $\dfrac{3}{2}\pi$ 　　　　D. 2π

（3）设 L 是从点 $A(a,0)$ 到点 $O(0,0)$ 的上半圆周 $x^2+y^2=ax(y>0)$，则 $\int_L (\mathrm{e}^x\sin y - my)\mathrm{d}x+(\mathrm{e}^x\cos y - m)\mathrm{d}y = ($ 　　).

A. $\dfrac{\pi}{2}ma^2$ 　　　B. $\dfrac{\pi}{4}ma^2$ 　　　C. $\dfrac{\pi}{8}ma^2$ 　　　D. πma^2

（4）设曲线积分 $\int_L (f(x)-\mathrm{e}^x)\sin y\mathrm{d}x - f(x)\cos y\mathrm{d}y$ 与路径无关，其中 $f(x)$ 具有一阶连续导数，且 $f(0)=0$，则 $f(x)=($ 　　).

A. $\dfrac{e^{-x}-e^{x}}{2}$ B. $\dfrac{e^{x}-e^{-x}}{2}$ C. $\dfrac{e^{x}+e^{-x}}{2}-1$ D. $1-\dfrac{e^{x}+e^{-x}}{2}$

3. 计算下列对坐标的曲线积分.

(1) $\oint_{L} x^{2}y\,\mathrm{d}x - xy^{2}\,\mathrm{d}y$, 其中 L 是圆周 $x^{2}+y^{2}=a^{2}$, L 的方向为顺时针方向.

(2) $\displaystyle\int_{L} (2xe^{y}+1)\,\mathrm{d}x + (x^{2}e^{y}+2x)\,\mathrm{d}y$, 其中 L 是 $(x-1)^{2}+y^{2}=9$ 的上半圆沿逆时针方向.

(3) $\displaystyle\int_{L} (e^{x}\sin y - b(x+y))\,\mathrm{d}x + (e^{x}\cos y - ax)\,\mathrm{d}y$, 其中 a,b 为正常数, L 为从点 $A(2a,0)$ 沿 $y=\sqrt{2ax-x^{2}}$ 到点 $O(0,0)$ 的曲线弧.

(4) $\oint_{L} (x+y)^{2}\,\mathrm{d}x + (x^{2}-y^{2})\,\mathrm{d}y$, 其中 L 是以 $A(1,1)$, $B(3,2)$ 和 $C(3,5)$ 三点构成的三角形正向边界.

（5）$\int_{L}(e^{y}+x)\,dx+(xe^{y}-2y)\,dy$，其中 L 为过 $O(0,0),A(0,1),B(1,2)$ 的圆周上的圆弧 $\overparen{OAB}$.

（6）$\oint_{L}\dfrac{x\,dy-y\,dx}{x^{2}+4y^{2}}$，其中 L 为任意一条不经过原点的正向光滑闭曲线.

4. 已知曲线积分 $I=\oint_{L}y^{3}\,dx+(3x-x^{3})\,dy$，其中 L 为正向圆周 $x^{2}+y^{2}=R^{2}(R>0)$，问：

（1）当 R 为何值时，$I=0$；（2）当 R 为何值时，I 取得最大值，并求其最大值.

5. 设积分 $\int_A^B (x^4+4xy^\lambda)\,\mathrm{d}x+(6x^{\lambda-1}y^2-5y^4)\,\mathrm{d}y$ 与路径无关,试确定 λ 的值;并求当 A,B 分别为 $(0,0),(1,2)$ 时积分的值.

6. 验证下列表达式 $P(x,y)\mathrm{d}x+Q(x,y)\mathrm{d}y$ 在 xOy 平面内为某二元函数 $u(x,y)$ 的全微分,并求出这样的一个函数 $u(x,y)$:

(1) $(4x^3y^3-3y^2+5)\,\mathrm{d}x+(3x^4y^2-6xy-4)\,\mathrm{d}y$;

(2) $\dfrac{2xy}{x^4+y^2}\mathrm{d}x-\dfrac{x^2}{x^4+y^2}\mathrm{d}y\,(x>0)$.

第四节　对面积的曲面积分

1. 填空题：

（1）若 Σ 为椭球面 $\dfrac{x^2}{a^2}+\dfrac{y^2}{b^2}+\dfrac{z^2}{c^2}=1$，则 $\oiint\limits_{\Sigma} x^2y^2z^3\,\mathrm{d}S=$ _____.

（2）若 Σ 是上半球面 $x^2+y^2+z^2=R^2\,(z\geqslant 0)$，则 $\iint\limits_{\Sigma}(x^2+y^2+z^2)\,\mathrm{d}S=$ _____.

（3）若 Σ 为球面 $x^2+y^2+z^2=a^2$，则 $\iint\limits_{\Sigma}(x+y+z)^2\,\mathrm{d}S=$ _____.

（4）已知曲面 $z=\dfrac{1}{2}(x^2+y^2)\,(0\leqslant z\leqslant 1)$ 的面密度为 $\mu(x,y,z)=z$，则曲面的质量为 _____.

2. 选择题：

（1）给定曲面 $\Sigma:z=z_0+\sqrt{1-x^2-y^2}$，则曲面积分 $\iint\limits_{\Sigma}2\,\mathrm{d}S=$ （　　）.

A. 2π　　　　　　　　B. $2\pi z_0$　　　　　　　C. 4π　　　　　　　　D. $4\pi z_0$

（2）设 Σ 是抛物面 $z=x^2+y^2$ 介于 $z=0,z=2$ 之间的部分，则 $\iint\limits_{\Sigma}\mathrm{d}S=$ （　　）.

A. $\displaystyle\int_0^{2\pi}\mathrm{d}\theta\int_0^2\sqrt{1+4\rho^2}\,\rho\,\mathrm{d}\rho$　　　　　　B. $\displaystyle\int_0^{2\pi}\mathrm{d}\theta\int_0^{\sqrt{2}}\sqrt{1+4\rho^2}\,\rho\,\mathrm{d}\rho$

C. $\displaystyle\int_0^{2\pi}\mathrm{d}\theta\int_0^{\rho}\sqrt{1+4\rho^2}\,\rho\,\mathrm{d}\rho$　　　　　　D. $\displaystyle\int_0^{2\pi}\mathrm{d}\theta\int_0^2\rho\,\mathrm{d}\rho$

（3）设 $\Sigma=\{(x,y,z)\mid x^2+y^2+z^2=R^2,z\geqslant 0\}$，$D=\{(x,y)\mid x^2+y^2\leqslant R^2\}$，对于下列三个等式：

① $\iint\limits_{\Sigma}x^2y^2\,\mathrm{d}S=\iint\limits_{D}x^2y^2\,\mathrm{d}x\mathrm{d}y$；

② $\iint\limits_{\Sigma}(x^2+y^2)\,\mathrm{d}S=\iint\limits_{D}(x^2+y^2)\,\mathrm{d}x\mathrm{d}y$；

③ $\iint\limits_{\Sigma}x^2y^2z\,\mathrm{d}S=\iint\limits_{D}x^2y^2\sqrt{R^2-x^2-y^2}\,\mathrm{d}x\mathrm{d}y$，

说法正确的是（　　）.

A. 只有①正确　　B. 只有②正确　　C. 只有③正确　　D. 都不正确

(4) 设 Σ 是圆柱面 $x^2 + y^2 = a^2$ 在 $0 \leqslant z \leqslant h$ 之间的部分,则曲面积分 $\displaystyle\iint\limits_{\Sigma} x^2 \mathrm{d}S =$

(　　).

A. 0　　　　　　B. $\pi a^3 h$　　　　　C. $2\pi a^3 h$　　　　D. $4\pi a^3 h$

3. 计算下列对面积的曲面积分.

(1) $\displaystyle\iint\limits_{\Sigma} (x+y)\mathrm{d}S$,其中 Σ 为平面 $x+y+z = 1$ 在第 I 卦限的部分.

(2) $\displaystyle\iint\limits_{\Sigma} z\mathrm{d}S$,其中 Σ 为锥面 $z = \sqrt{x^2+y^2}$ 在柱体 $x^2+y^2 \leqslant 2x$ 内的部分.

(3) $\displaystyle\oiint\limits_{\Sigma} (ax+by+cz)^2 \mathrm{d}S$,其中 Σ 为球面 $x^2+y^2+z^2 = R^2$.

(4) $\displaystyle\iint\limits_{\Sigma} |xyz| \mathrm{d}S$,其中 Σ 是抛物面 $z = x^2+y^2$ 被平面 $z = 1$ 所截下的有限部分.

4. 抛物面 $z = 13 - x^2 - y^2$ 将球面 $x^2 + y^2 + z^2 = 25$ 分成三部分,求该三部分曲面面积之比.

5. 设有一半球面 $z = \sqrt{a^2 - x^2 - y^2}$,其上点的面密度与该点到 z 轴的距离平方成正比,比例系数为 15,求其对 z 轴的转动惯量.

第五节　对坐标的曲面积分

1. 填空题：

（1）设 Σ 为圆柱面 $x^2+y^2=a^2$ 介于 $z=0,z=1$ 之间部分的外侧，则 $\iint\limits_{\Sigma}(x^2+y^2)\,\mathrm{d}x\mathrm{d}y=$ _____.

（2）设 Σ 是球面 $x^2+y^2+z^2=R^2$ 的外侧，则 $\oiint\limits_{\Sigma}y\mathrm{d}x\mathrm{d}y=$ _____.

（3）给定曲面 $\Sigma:y=z,0\leqslant x\leqslant1,0\leqslant z\leqslant1$ 的右侧，则 $\iint\limits_{\Sigma}y\mathrm{d}x\mathrm{d}y=$ _____.

（4）设 Σ 是由锥面 $z=\sqrt{x^2+y^2}$ 及平面 $z=2$ 所围成的封闭曲面的外侧，则 $\oiint\limits_{\Sigma}z\mathrm{d}x\mathrm{d}y=$ _____.

2. 选择题：

（1）设 Σ_1 表示上半球面 $x^2+y^2+z^2=R^2(z\geqslant0)$ 的上侧，Σ_2 表示下半球面 $x^2+y^2+z^2=R^2(z\leqslant0)$ 的下侧，若曲面积分 $I_1=\iint\limits_{\Sigma_1}z\mathrm{d}x\mathrm{d}y,I_2=\iint\limits_{\Sigma_2}z\mathrm{d}x\mathrm{d}y$，则必有（　　　）.

A. $I_1>I_2$　　　　　B. $I_1<I_2$　　　　　C. $I_1=I_2$　　　　　D. $I_2=-I_1$

（2）设 Σ 是平面块：$y=x,0\leqslant x\leqslant1,0\leqslant z\leqslant2$ 的左侧，则 $\iint\limits_{\Sigma}y\mathrm{d}z\mathrm{d}x=$（　　　）.

A. -1　　　　　B. 1　　　　　C. $\dfrac{1}{2}$　　　　　D. -2

（3）设 Σ 是抛物面 $z=x^2+y^2$ 在第 I 卦限中介于 $z=0,z=2$ 之间部分的下侧，则 $\iint\limits_{\Sigma}z\mathrm{d}x\mathrm{d}y=$（　　　）.

A. $-\displaystyle\int_0^{2\pi}\mathrm{d}\theta\int_0^2\rho^3\mathrm{d}\rho$　　　　　　　　　　B. $-\displaystyle\int_0^{\frac{\pi}{2}}\mathrm{d}\theta\int_0^{\sqrt{2}}\rho^3\mathrm{d}\rho$

C. $\displaystyle\int_0^{\frac{\pi}{2}}\mathrm{d}\theta\int_0^{\sqrt{2}}\rho^2\mathrm{d}\rho$　　　　　　　　　　D. $-\displaystyle\int_0^{\frac{\pi}{2}}\mathrm{d}\theta\int_0^{\sqrt{2}}\rho^2\mathrm{d}\rho$

（4）速度场 $\boldsymbol{v}=(x^3+h)\boldsymbol{i}+(y^3+h)\boldsymbol{j}+(z^3+h)\boldsymbol{k}(h\neq0)$ 通过上半球面 $z=\sqrt{R^2-x^2-y^2}$ 上

侧的流量 $Q = ($ $)$.

A. $\dfrac{6}{5}\pi R^5 + \pi R^2 h$ B. $\dfrac{5}{6}\pi R^5 + \pi R^2 h$

C. $\dfrac{6}{5}\pi R^5 - \pi R^2 h$ D. $\dfrac{5}{6}\pi R^5 - \pi R^2 h$

3. 计算下列对坐标的曲面积分.

（1）$\displaystyle\iint\limits_{\Sigma} x^2\mathrm{d}y\mathrm{d}z + y^2\mathrm{d}z\mathrm{d}x + z^2\mathrm{d}x\mathrm{d}y$，其中 Σ 是以 $A(1,0,0),B(0,1,0),C(0,0,1)$ 为顶点的三角形的上侧.

（2）$\displaystyle\iint\limits_{\Sigma} -y\mathrm{d}z\mathrm{d}x + (z+1)\mathrm{d}x\mathrm{d}y$，其中 Σ 为圆柱面 $x^2 + y^2 = 4$ 被平面 $x+z=2$ 和 $z=0$ 所截出部分的外侧.

（3）$\displaystyle\iint\limits_{\Sigma} z^2\mathrm{d}x\mathrm{d}y$，其中 Σ 为上半球面 $z = \sqrt{a^2 - x^2 - y^2}\ (a>0)$ 被圆柱面 $x^2 + y^2 = ax$ 所截得部分的上侧.

（4）$\displaystyle\iint\limits_{\Sigma} xz^2\mathrm{d}y\mathrm{d}z$，其中 Σ 为上半球面 $z = \sqrt{R^2 - x^2 - y^2}$ 的上侧.

（5）$\iint\limits_{\Sigma} x^2\mathrm{d}y\mathrm{d}z+\mathrm{d}z\mathrm{d}x+\dfrac{\mathrm{e}^z}{\sqrt{x^2+y^2}}\mathrm{d}x\mathrm{d}y$，其中 Σ 为锥面 $z=\sqrt{x^2+y^2}$ 在第 I 卦限 $1\leqslant z\leqslant 2$ 之间部分的外侧.

4. 计算曲面积分 $\iint\limits_{\Sigma}\dfrac{z^2}{x^2+y^2}\mathrm{d}x\mathrm{d}y$，其中 Σ 为上半球面 $z=\sqrt{2ax-x^2-y^2}$（$a>0$）在圆柱面 $x^2+y^2=a^2$ 的外面部分的上侧.

第六节　高斯公式　*通量与散度

1. 填空题:

(1) 设 Σ 为球面 $x^2+y^2+z^2=9$ 的外侧,则曲面积分 $\oiint\limits_{\Sigma} z\mathrm{d}x\mathrm{d}y =$ _____.

(2) 设 Σ 是由抛物面 $z=x^2+y^2$ 与平面 $z=4$ 所围立体表面的外侧,则 $\oiint\limits_{\Sigma} x\mathrm{d}y\mathrm{d}z + y\mathrm{d}z\mathrm{d}x+z\mathrm{d}x\mathrm{d}y =$ _____.

(3) 设 Σ 是立方体: $0 \leqslant x \leqslant 1, 0 \leqslant y \leqslant 1, 0 \leqslant z \leqslant 1$ 的外侧,则 $\oiint\limits_{\Sigma} x^5\mathrm{d}y\mathrm{d}z + y^6\mathrm{d}z\mathrm{d}x + z^7\mathrm{d}x\mathrm{d}y =$ _____.

*(4) 向量场 $\boldsymbol{A} = (x^2+yz)\boldsymbol{i}+(y^2+xz)\boldsymbol{j}+(z^2+xy)\boldsymbol{k}$ 的散度 div $\boldsymbol{A} =$ _____.

2. 选择题:

(1) 设 Σ 是球面 $x^2+y^2+z^2=1$ 的外侧,则 $\oiint\limits_{\Sigma} z^2\mathrm{d}x\mathrm{d}y = ($ 　　).

A. 0

B. $2\iint\limits_{x^2+y^2\leqslant 1} (1-x^2-y^2)\mathrm{d}x\mathrm{d}y$

C. 1

D. $-2\iint\limits_{x^2+y^2\leqslant 1} (1-x^2-y^2)\mathrm{d}x\mathrm{d}y$

(2) 设 Σ 是长方体 $\Omega = \{(x,y,z) \mid 0\leqslant x \leqslant a, 0\leqslant y \leqslant b, 0\leqslant z \leqslant c\}$ 的整个表面的外侧,则 $\oiint\limits_{\Sigma} x^2\mathrm{d}y\mathrm{d}z + y^2\mathrm{d}z\mathrm{d}x + z^2\mathrm{d}x\mathrm{d}y = ($ 　　).

A. $2abc(a+b+c)$

B. $abc(a+b+c)$

C. $\dfrac{1}{2}abc(a+b+c)$

D. $\dfrac{1}{3}abc(a+b+c)$

(3) 设 Σ 是抛物面 $z=\dfrac{x^2+y^2}{2}$ 与平面 $z=z_0(z_0>0)$ 所围立体表面的内侧,则 $\oiint\limits_{\Sigma} z\mathrm{d}x\mathrm{d}y = ($ 　　).

A. πz_0^2　　　　　　B. $3\pi z_0^2$　　　　　　C. $-\pi z_0^2$　　　　　　D. $-3\pi z_0^2$

(4) 设 $I = \iint\limits_{\Sigma} (z^2x+y\mathrm{e}^z)\mathrm{d}y\mathrm{d}z + x^2y\mathrm{d}z\mathrm{d}x + (\sin^3 x+y^2z)\mathrm{d}x\mathrm{d}y$,其中 Σ 是下半球面 $z =$

$-\sqrt{R^2-x^2-y^2}$ 的上侧，则 $I=($ $)$.

A. $2\pi R^5$ B. $-2\pi R^5$ C. $\dfrac{2}{5}\pi R^5$ D. $-\dfrac{2}{5}\pi R^5$

3. 利用高斯公式计算下列曲面积分.

（1）$\oiint\limits_{\Sigma} xy\mathrm{d}y\mathrm{d}z+yz\mathrm{d}z\mathrm{d}x+xz\mathrm{d}x\mathrm{d}y$，其中 Σ 是平面 $x=0,y=0,z=0,x+y+z=1$ 围成的空间区域的整个边界曲面的外侧.

（2）$\oiint\limits_{\Sigma} y^2\mathrm{d}y\mathrm{d}z+x^2\mathrm{d}z\mathrm{d}x+z^2\mathrm{d}x\mathrm{d}y$，其中 Σ 为锥面 $z=\sqrt{x^2+y^2}$ 与上半球面 $z=\sqrt{2-x^2-y^2}$ 所围立体表面的外侧.

（3）$\iint\limits_{\Sigma}(2x+z)\mathrm{d}y\mathrm{d}z+z\mathrm{d}x\mathrm{d}y$，其中 Σ 为有向曲面 $z=x^2+y^2(0\leqslant z\leqslant 1)$，其法向量与 z 轴正向夹角为锐角.

（4）$\iint\limits_{\Sigma} 4xz\mathrm{d}y\mathrm{d}z - 2yz\mathrm{d}z\mathrm{d}x + (1-z^2)\mathrm{d}x\mathrm{d}y$，其中 Σ 为平面曲线 $z = a^y (0 \leqslant y \leqslant 2, a > 0, a \neq 1)$ 绕 z 轴旋转一周所成曲面的下侧.

4. 设 Σ 为圆柱面 $x^2 + y^2 = a^2$，抛物柱面 $y^2 = \dfrac{1}{2}z$ 和平面 $z = 0$ 所围立体表面的外侧，$f(u)$ 具有一阶连续导数，试证曲面积分 $\oiint\limits_{\Sigma} \dfrac{1}{y} f\left(\dfrac{x}{y}\right) \mathrm{d}y\mathrm{d}z + \dfrac{1}{x} f\left(\dfrac{x}{y}\right) \mathrm{d}z\mathrm{d}x + z\mathrm{d}x\mathrm{d}y = \dfrac{\pi}{2} a^4.$

第七节　斯托克斯公式　*环流量与旋度

1. 填空题：

（1）设 Γ 是圆柱面 $x^2+y^2=1$ 与平面 $z=x+y$ 的交线，从 z 轴正向往 z 轴负向看去为逆时针方向，则曲线积分 $\oint_{\Gamma} xz\mathrm{d}x+x\mathrm{d}y+\dfrac{y^2}{2}\mathrm{d}z = $ _____．

（2）设 $\Gamma:\begin{cases} x^2+y^2=1, \\ x-y+z=2, \end{cases}$ 从 z 轴正向往负向看 Γ 的方向是顺时针的，则曲线积分

$\oint_{\Gamma} (z-y)\mathrm{d}x+(x-z)\mathrm{d}y+(x-y)\mathrm{d}z = $ _____．

2. 选择题：

（1）设 $\Gamma:\begin{cases} x^2+y^2+z^2=R^2, \\ x+y+z=0, \end{cases}$ 若从 z 轴正向看去 Γ 为逆时针方向，则 $\oint_{\Gamma} y\mathrm{d}x+z\mathrm{d}y+x\mathrm{d}z = $ （　　）．

A. $\sqrt{3}\,\pi R^2$ 　　　　　　B. $-\sqrt{3}\,\pi R^2$ 　　　　　　C. $4\pi R^2$ 　　　　　　D. $-4\pi R^2$

（2）设 Γ 是圆柱面 $x^2+y^2=a^2$ 和平面 $\dfrac{x}{a}+\dfrac{z}{h}=1(a>0,h>0)$ 的交线，从 z 轴正向看去为逆时针方向，则 $\oint_{\Gamma} (y-z)\mathrm{d}x+(z-x)\mathrm{d}y+(x-y)\mathrm{d}z = $ （　　）．

A. $2\pi a(a+h)$ 　　　　B. $2\pi a^2$ 　　　　C. $2\pi ah$ 　　　　D. $-2\pi a(a+h)$

3. 计算曲线积分 $I=\oint_{\Gamma} yz\mathrm{d}x+3xz\mathrm{d}y-xy\mathrm{d}z$，其中 Γ 是圆柱面 $x^2+y^2=4y$ 与平面 $3y-z+1=0$ 的交线，其方向从 z 轴的正向看是逆时针的．

*4. 设有向量场 $\boldsymbol{A} = x^2 y \boldsymbol{i} + (x^2 + y^2) \boldsymbol{j} + (x + y + z) \boldsymbol{k}$,(1)求 $\boldsymbol{A}$ 的旋度 $\mathbf{rot}\,\boldsymbol{A}$;(2)计算 $\boldsymbol{A}$ 沿球面 $x^2 + y^2 + z^2 = 11$ 与抛物面 $z = x^2 + y^2 + 1$ 的交线 $\varGamma$(其方向与 z 轴成右手系)的环流量.

第十一章综合练习题

1. 填空题：

（1）设 L 为单位圆周在第一象限的部分，则 $\int_L xy\mathrm{d}s = $ ＿＿＿＿＿＿＿＿.

（2）设 L 为沿上半椭圆 $\dfrac{x^2}{a^2} + \dfrac{y^2}{b^2} = 1(y>0)$ 由 $(a,0)$ 到 $(-a,0)$ 的曲线弧，则 $\int_L (x^2 - 2y)\mathrm{d}x +$

$(2x - y^2)\mathrm{d}y = $ ＿＿＿＿＿＿＿＿.

（3）设 L 为平面上任意一条不经过 $(0,0)$ 的封闭曲线，若 $\oint_L \dfrac{x\mathrm{d}x - ay\mathrm{d}y}{x^2+y^2} = 0$，则常数

$a = $ ＿＿＿＿＿＿＿＿.

（4）设 Σ 是平面 $x+y+z = 4$ 被圆柱面 $x^2+y^2 = 1$ 截出的有限部分，则曲面积分

$\iint_{\Sigma} y\mathrm{d}S = $ ＿＿＿＿＿＿＿＿.

（5）设 Σ 为上半球面 $z = \sqrt{R^2 - x^2 - y^2}$ 在圆柱面 $x^2 + y^2 = Rx\,(R>0)$ 之外的那部分曲面

的外侧，则曲面积分 $\iint_{\Sigma} z^2\mathrm{d}x\mathrm{d}y = $ ＿＿＿＿＿＿＿＿.

2. 选择题：

（1）已知曲线 $L: y = x^2\,(0 \leqslant x \leqslant \sqrt{2})$，则 $\int_L x\mathrm{d}s = ($ 　　　　$)$.

A. $\dfrac{13}{6}$ 　　　　　　B. $\dfrac{6}{13}$ 　　　　　　C. $\dfrac{11}{6}$ 　　　　　　D. $\dfrac{6}{11}$

（2）在力 $\boldsymbol{F} = x\boldsymbol{i} + y\boldsymbol{j}$ 的作用下，一质点从点 $A(a,0)$ 沿椭圆 $\dfrac{x^2}{a^2} + \dfrac{y^2}{b^2} = 1$ 按逆时针方向

移动到点 $B(0,b)$，力 $\boldsymbol{F}$ 所做的功为（　　　　）.

A. $\dfrac{1}{2}(a^2 - b^2)$ 　　B. $\dfrac{1}{2}(b^2 - a^2)$ 　　C. $\dfrac{2}{3}(a^2 - b^2)$ 　　D. $\dfrac{3}{4}(b^2 - a^2)$

（3）如果 $\dfrac{(x+ay)\mathrm{d}x + y\mathrm{d}y}{(x+y)^2}$ 为某二元函数 $u(x,y)$ 的全微分，则 $a = ($ 　　　　$)$.

A. -1 　　　　　　B. 0 　　　　　　C. 1 　　　　　　D. 2

（4）设 $\Sigma:x^2+y^2+z^2=R^2(z\geqslant 0)$，$\Sigma_1$ 为 Σ 在第 I 卦限的部分，则有（　　）.

A. $\displaystyle\iint_{\Sigma}x\mathrm{d}S=4\iint_{\Sigma_1}x\mathrm{d}S$ 　　　　　　　B. $\displaystyle\iint_{\Sigma}y\mathrm{d}S=4\iint_{\Sigma_1}y\mathrm{d}S$

C. $\displaystyle\iint_{\Sigma}z\mathrm{d}S=4\iint_{\Sigma_1}z\mathrm{d}S$ 　　　　　　　D. $\displaystyle\iint_{\Sigma}xyz\mathrm{d}S=4\iint_{\Sigma_1}xyz\mathrm{d}S$

（5）设 Σ 是球面 $x^2+y^2+z^2=1$ 在 $x\geqslant 0,y\geqslant 0,z\geqslant 0$ 部分的上侧，则曲面积分 $\displaystyle\iint_{\Sigma}xyz\mathrm{d}x\mathrm{d}y=$（　　）.

A. $\dfrac{1}{15}$ 　　　　　B. $\dfrac{2}{15}$ 　　　　　C. $\dfrac{3}{15}$ 　　　　　D. $\dfrac{4}{15}$

3. 求解下列各题.

（1）计算 $I=\displaystyle\int_L(x+y+1)\mathrm{d}s$，其中 L 是半圆周 $x=\sqrt{4-y^2}$ 上从点 $A(0,2)$ 到点 $B(0,-2)$ 之间的一段弧.

（2）计算 $I=\displaystyle\int_{\Gamma}\sqrt{x^2+y^2}\,\mathrm{d}s$，其中 Γ 是上半球面 $z=\sqrt{4a^2-x^2-y^2}$ 与柱面 $x^2+y^2=2ax$ 的交线.

（3）计算 $I=\displaystyle\oint_L(2xy-2y)\mathrm{d}x+(x^2-4x)\mathrm{d}y$，其中 L 为圆周 $x^2+y^2=9$ 的正向.

（4）确定常数 a,b，使表达式 $[(x+y+1)e^x+ae^y]dx+[be^x-(x+y+1)e^y]dy$ 为某二元函数 $u(x,y)$ 的全微分，并求出这个函数.

（5）一块曲面 Σ 是半球面 $z=\sqrt{a^2-x^2-y^2}$ 在锥面 $z=\sqrt{x^2+y^2}$ 里面的部分，其面密度 $\mu(x,y,z)=z^3$，求该曲面的质量.

（6）计算 $I=\iint\limits_{\Sigma}(x+2)dydz+zdxdy$，其中

① Σ 是以 $A(1,0,0),B(0,1,0),C(0,0,1)$ 为顶点的三角形平面的上侧；

② Σ 是上半球面 $z=\sqrt{4-x^2-y^2}$ 的上侧.

（7）计算 $I = \iint\limits_{\Sigma} x^2 y \mathrm{d}y\mathrm{d}z + (1-xy) y \mathrm{d}z\mathrm{d}x + 2z\mathrm{d}x\mathrm{d}y$，其中 Σ 是曲面 $z = \sqrt[4]{x^2+y^2}$ 被圆柱面 $x^2+y^2=1$ 所截部分的上侧.

（8）计算 $I = \oint_{\Gamma} (y^2-z^2)\,\mathrm{d}x + (2z^2-x^2)\,\mathrm{d}y + (3x^2-y^2)\,\mathrm{d}z$，其中 Γ 是平面 $x+y+z=2$ 与柱面 $|x|+|y|=1$ 的交线，从 z 轴正向看去，Γ 为逆时针方向.

4. 设 $F(t) = \iint\limits_{x^2+y^2+z^2 \leqslant t^2} f(x,y,z)\,\mathrm{d}S$，其中 $f(x,y,z) = \begin{cases} x^2+y^2, & z \geqslant \sqrt{x^2+y^2}, \\ 0, & z < \sqrt{x^2+y^2}, \end{cases}$ 求极限 $\lim\limits_{t\to 0^+} \dfrac{F(t)}{t^4}$.

5. 计算 $I = \oiint\limits_{\Sigma} \dfrac{1}{x} \mathrm{d}y\mathrm{d}z + \dfrac{1}{y} \mathrm{d}z\mathrm{d}x + \dfrac{1}{z} \mathrm{d}x\mathrm{d}y$，其中 Σ 是椭球面 $\dfrac{x^2}{a^2} + \dfrac{y^2}{b^2} + \dfrac{z^2}{c^2} = 1$ 的外侧.

6. 设对于半空间 $x > 0$ 内的任意光滑有向闭曲面 Σ，都有 $\oiint\limits_{\Sigma} xf(x)\mathrm{d}y\mathrm{d}z - xyf(x)\mathrm{d}z\mathrm{d}x -$ $\mathrm{e}^{2x}z\mathrm{d}x\mathrm{d}y = 0$，其中 $f(x)$ 在 $(0, +\infty)$ 上具有连续导数，且 $\lim\limits_{x \to 0^{+}} f(x) = 1$，试求 $f(x)$ 的表达式.

7. 设函数 $f(x)$ 在 $(-\infty, +\infty)$ 上具有一阶连续导数，L 是上半平面 $(y > 0)$ 内的有向光滑曲线，其起点为 (a, b)，终点为 (c, d). 记 $I = \int_{L} \dfrac{1}{y}\left[1 + y^2 f(xy)\right]\mathrm{d}x + \dfrac{x}{y^2}\left[y^2 f(xy) - 1\right]\mathrm{d}y$.

（1）证明：曲线积分 I 与路径无关；

（2）当 $ab = cd$ 时，求 I 的值.

第十二章　无穷级数

第一节　常数项级数的概念和性质

1. 填空题：

（1）级数 $\sum\limits_{n=1}^{\infty}\dfrac{1}{n(n+1)}$ 的部分和 $s_n =$ _____，此级数的和 $s =$ _____.

（2）已知 $\lim\limits_{n\to\infty}a_n = a$，则级数 $\sum\limits_{n=1}^{\infty}(a_n - a_{n+1})$ 的部分和 $s_n =$ _____，此级数的和 $s =$ _____.

（3）已知 $\sum\limits_{n=1}^{\infty}\dfrac{n^2}{3^n}$ 收敛，则 $\lim\limits_{n\to\infty}\dfrac{n^2}{3^n} =$ _____.

2. 选择题：

（1）设部分和 $s_n = \sum\limits_{k=1}^{n}a_k$，则数列 $\{s_n\}$ 有界是级数 $\sum\limits_{n=1}^{\infty}a_n$ 收敛的（　　　）.

A. 充分条件但非必要条件　　　　　　B. 必要条件但非充分条件

C. 充分必要条件　　　　　　　　　　D. 既非充分也非必要条件

（2）若级数 $\sum\limits_{n=1}^{\infty}a_n$ 与 $\sum\limits_{n=1}^{\infty}b_n$ 都发散，则（　　　）.

A. $\sum\limits_{n=1}^{\infty}(a_n + b_n)$ 必发散　　　　　B. $\sum\limits_{n=1}^{\infty}a_n \cdot b_n$ 必发散

C. $\sum\limits_{n=1}^{\infty}(|a_n| + |b_n|)$ 必发散　　　D. $\sum\limits_{n=1}^{\infty}(a_n^2 + b_n^2)$ 必发散

（3）下述推导正确的是（　　　）.

A. 因为 $s = 2 + 4 + 8 + 16 + \cdots = 2(2 + 4 + 8 + 16 + \cdots) = 2s$，所以 $s = -2$

B. 因为 $s = 1 - 1 + 1 - 1 + \cdots = (1-1) + (1-1) + \cdots = 0$，所以此级数收敛

C. 因为 $\lim\limits_{n\to\infty}\dfrac{n^n}{(n+1)^{(n+1)}} = \lim\limits_{n\to\infty}\dfrac{1}{(n+1)\left(1+\dfrac{1}{n}\right)^n} = 0$，所以级数 $\sum\limits_{n=1}^{\infty}\dfrac{n^n}{(n+1)^{(n+1)}}$ 收敛

D. 因为 $1 + \dfrac{1}{2} + \dfrac{1}{2^2} + \dfrac{1}{2^3} + \cdots = \dfrac{1}{1 - \dfrac{1}{2}} = 2$，所以

$$s = \frac{1}{4} + \frac{1}{8} + \frac{1}{16} + \cdots = \frac{1}{4}\left(1 + \frac{1}{2} + \frac{1}{2^2} + \frac{1}{2^3} + \cdots\right) = \frac{1}{2}$$

（4）常数项级数 $\sum\limits_{n=1}^{\infty} u_n$ 收敛，则（　　）.

A. 令 $s_n = u_1 + u_2 + \cdots + u_n$，则 $\lim\limits_{n \to \infty} s_n = 0$ B. $\lim\limits_{n \to \infty} \sum\limits_{n=1}^{n} u_n = 0$

C. 令 $s_n = u_1 + u_2 + \cdots + u_n$，则 $\lim\limits_{n \to \infty} s_n$ 存在   D. $\lim\limits_{n \to \infty} u_n$ 不存在

（5）若级数 $\sum\limits_{n=1}^{\infty} u_n$ 收敛于 s，则级数 $\sum\limits_{n=1}^{\infty} (u_n + u_{n-1})$（　　）.

A. 收敛于 $2s$ B. 收敛于 $2s + u_1$

C. 收敛于 $2s - u_1$ D. 发散

3. 判别下列级数的收敛性，若收敛，求其和.

（1）$\sum\limits_{n=2}^{\infty} \dfrac{1}{n^2 - 1}$.

（2）$\sum\limits_{n=1}^{\infty} \sin \dfrac{n\pi}{6}$.

（3）$\sum\limits_{n=1}^{\infty} \left(\dfrac{1}{2^n} + \dfrac{1}{3^n}\right)$.

（4）$\displaystyle\sum_{n=1}^{\infty}\frac{1}{(4n-3)(4n+1)}$．

（5）$\displaystyle\sum_{n=1}^{\infty}\left(\frac{2^{n}}{3^{n}}+\frac{3}{n}\right)$．

（6）$\displaystyle\sum_{n=1}^{\infty}\frac{1}{n(n+m)}$（$m$ 为正整数）．

（7）$\displaystyle\sum_{n=1}^{\infty}\left(\sqrt{n+2}-2\sqrt{n+1}+\sqrt{n}\right)$．

（8） $\displaystyle\sum_{n=1}^{\infty} \ln\left(1+\frac{1}{n}\right)$.

（9） $\displaystyle\sum_{n=1}^{\infty} \frac{2^n+3^n}{6^n}$.

（10） $\displaystyle\sum_{n=1}^{\infty} \frac{3n^n}{(1+n)^n}$.

第二节　常数项级数的审敛法

1. 填空题：

（1）若级数 $\sum\limits_{n=1}^{\infty} u_n$ 收敛，$\sum\limits_{n=1}^{\infty} v_n$ 发散，则 $\sum\limits_{n=1}^{\infty}(u_n+v_n)$＿＿＿＿＿＿．

（2）若级数 $\sum\limits_{n=1}^{\infty} u_n$ 与 $\sum\limits_{n=1}^{\infty} v_n$ 均为正项级数，其中 $\sum\limits_{n=1}^{\infty} v_n$ 收敛，且 $\lim\limits_{n\to\infty}\dfrac{u_n}{v_n}=k$（$k$ 为常数），则 $\sum\limits_{n=1}^{\infty} u_n$＿＿＿＿＿＿．

（3）若对正项级数 $\sum\limits_{n=1}^{\infty} u_n$，有 $\lim\limits_{n\to\infty}\dfrac{u_n}{u_{n+1}}=\rho$，则当 $\rho<1$ 时，级数 $\sum\limits_{n=1}^{\infty} u_n$＿＿＿＿＿＿；当 $\rho>1$ 时，级数 $\sum\limits_{n=1}^{\infty} u_n$＿＿＿＿＿＿．

（4）正项级数 $\sum\limits_{n=1}^{\infty} u_n$ 有 $\lim\limits_{n\to\infty}\sqrt[n]{u_n}=k$（$k$ 为常数），则当＿＿＿＿＿＿时，该级数收敛；当＿＿＿＿＿＿时，该级数发散；当＿＿＿＿＿＿时，该级数可能收敛也可能发散．

2. 选择题：

（1）若级数 $\sum\limits_{n=1}^{\infty} u_n$ 收敛，则（　　　）.

A. $\sum\limits_{n=1}^{\infty} |u_n|$ 必收敛　　　　　　　　B. $\sum\limits_{n=1}^{\infty} u_n^2$ 必收敛

C. 数列 $\{s_n\}$ 有界　　　　　　　　D. 以上都不正确

（2）若级数 $\sum\limits_{n=1}^{\infty} u_n$ 收敛，则（　　　）.

A. 必有 $\lim\limits_{n\to\infty}\left|\dfrac{u_{n+1}}{u_n}\right|=\rho<1$　　　　　　B. 必有 $\lim\limits_{n\to\infty}\sqrt[n]{|u_n|}=\rho<1$

C. $u_n\geqslant u_{n+1}$（$n=1,2,3,\cdots$）　　　D. 以上都不正确

（3）若级数 $\sum\limits_{n=1}^{\infty} u_n^2$ 收敛，则级数 $\sum\limits_{n=1}^{\infty} u_n$（　　　）.

A. 一定绝对收敛　　　　　　　　B. 可能收敛也可能发散

C. 一定发散　　　　　　　　　　D. 一定条件发散

（4）若级数 $\sum\limits_{n=1}^{\infty} u_n = s$，则按一定规律添加括号后，所得级数（　　）.

A. 仍收敛于 s

B. 仍收敛，但不收敛于 s

C. 一定发散

D. 无法判别收敛性

（5）设 p 为常数，当 $r \geq 1$ 时，级数 $\sum\limits_{n=1}^{\infty} \dfrac{r^n}{n^p}$（　　）.

A. $p > 1$ 时条件收敛

B. $0 \leq p \leq 1$ 时绝对收敛

C. $0 \leq p \leq 1$ 时发散

D. $0 \leq p \leq 1$ 时条件收敛

3. 用比较审敛法及其极限形式判别下列级数的收敛性.

（1）$\sum\limits_{n=1}^{\infty} \dfrac{1}{na+b} (a>0, b>0)$.

（2）$\sum\limits_{n=1}^{\infty} \dfrac{1}{(n+1)(2n+1)}$.

（3）$\sum\limits_{n=1}^{\infty} \sin \dfrac{\pi}{2^n}$.

（4）$\sum\limits_{n=1}^{\infty} \dfrac{1}{1+a^n} (a>0)$.

4. 用比值审敛法判别下列级数的收敛性:

（1）$\sum\limits_{n=1}^{\infty} \dfrac{n!}{n^n} 2^n$.

（2）$\sum\limits_{n=1}^{\infty} \dfrac{1 \cdot 3 \cdot 5 \cdot \cdots \cdot (2n-1)}{n!}$.

（3）$\sum\limits_{n=1}^{\infty} n \tan \dfrac{\pi}{2^{n+1}}$.

（4）$\sum\limits_{n=1}^{\infty} \dfrac{a^n}{n^s} \ (a>0, s>0)$.

5. 用根值审敛法判别下列级数的收敛性:

（1）$\sum\limits_{n=1}^{\infty} \left(\dfrac{n}{3n-1} \right)^{2n-1}$.

（2）$\displaystyle\sum_{n=1}^{\infty}\frac{1}{\left[\ln(n+1)\right]^{n}}.$

6. 判别下列级数的收敛性：

（1）$\displaystyle\sum_{n=1}^{\infty}\sqrt{\frac{n+1}{n}}.$

（2）$\dfrac{1}{a+b}+\dfrac{1}{2a+b}+\cdots+\dfrac{1}{na+b}+\cdots\ (a>0,b>0).$

（3）$\displaystyle\sum_{n=1}^{\infty}\frac{1}{2^{n}}\left(1+\frac{1}{n}\right)^{n^{2}}.$

（4）$\dfrac{1^{4}}{1!}+\dfrac{2^{4}}{2!}+\dfrac{3^{4}}{3!}+\cdots+\dfrac{n^{4}}{n!}+\cdots.$

7. 判别下列级数的收敛性,若收敛,说明是条件收敛还是绝对收敛?

（1）$\displaystyle\sum_{n=1}^{\infty}(-1)^{n-1}\frac{n}{3^{n-1}}$.

（2）$\displaystyle\sum_{n=2}^{\infty}(-1)^{n+1}\frac{2^{n^2}}{n!}$.

（3）$\displaystyle\sum_{n=1}^{\infty}\frac{(2n+1)^2}{2^n}\cos n\pi$.

（4）$\displaystyle\sum_{n=1}^{\infty}\frac{\alpha^n}{n^3}$（$\alpha$ 为常数）.

8. 证明:若 $\displaystyle\sum_{n=1}^{\infty} a_n^2$ 及 $\displaystyle\sum_{n=1}^{\infty} b_n^2$ 收敛,则 $\displaystyle\sum_{n=1}^{\infty} |a_n b_n|$,$\displaystyle\sum_{n=1}^{\infty} (a_n+b_n)^2$ 及 $\displaystyle\sum_{n=1}^{\infty} \frac{|a_n|}{n}$ 均收敛.

9. 设 $\displaystyle\sum_{n=1}^{\infty} (-1)^{n-1} a_n (a_n>0)$ 是条件收敛的交错级数,证明 $\displaystyle\sum_{n=1}^{\infty} a_{2n-1}$,$\displaystyle\sum_{n=1}^{\infty} a_n$ 都是发散的.

第三节　幂　级　数

1. 填空题：

（1）幂级数 $\sum\limits_{n=1}^{\infty} nx^n$ 的收敛半径 $R=$＿＿＿＿＿＿，收敛区间为＿＿＿＿＿＿.

（2）设级数 $\sum\limits_{n=1}^{\infty} a_n x^n$ 及 $\sum\limits_{n=1}^{\infty} b_n x^n$ 的收敛半径均为 R，$\sum\limits_{n=1}^{\infty} (a_n+b_n)x^n$ 的收敛半径为 R_1，则 R 与 R_1 的大小关系为 R＿＿＿＿＿＿R_1.

（3）若级数 $\sum\limits_{n=1}^{\infty} a_n x^n$ 的系数满足条件 $\lim\limits_{n\to\infty}\left|\dfrac{a_{n+1}}{a_n}\right|=\rho$，则当 $0<\rho<+\infty$ 时，收敛半径 $R=$＿＿＿＿＿＿；当 $\rho=0$ 时，收敛半径 $R=$＿＿＿＿＿＿；当 $\rho=+\infty$ 时，收敛半径 $R=$＿＿＿＿＿＿.

（4）级数 $\sum\limits_{n=1}^{\infty} (-1)^n \dfrac{1}{2n+1} x^{2n+1}$ 的收敛域是＿＿＿＿＿＿.

2. 选择题：

（1）若级数 $\sum\limits_{n=1}^{\infty} c_n(x-2)^n$ 在 $x=2$ 处收敛，则此级数在 $x=5$ 处（　　　）.

A. 一定发散　　　　　　　　　　B. 一定条件收敛

C. 一定绝对收敛　　　　　　　　D. 收敛性不能确定

（2）若 $\lim\limits_{n\to\infty}\left|\dfrac{c_{n+1}}{c_n}\right|=\dfrac{1}{4}$，则 $\sum\limits_{n=1}^{\infty} c_n x^{2n}$（　　　）.

A. 在 $|x|<2$ 时绝对收敛　　　　　B. 在 $|x|>\dfrac{1}{4}$ 时发散

C. 在 $|x|<4$ 时绝对收敛　　　　　D. 在 $|x|>\dfrac{1}{2}$ 时发散

（3）设幂级数 $\sum\limits_{n=0}^{\infty} \dfrac{1}{\ln(n+2)}(x-a)^n$ 在点 $x=-2$ 条件收敛，则幂级数 $\sum\limits_{n=0}^{\infty} \dfrac{1}{(n+2)^2}(x-a)^n$ 在 $x_1=\dfrac{1}{2}$ 的收敛情况是（　　　）.

A. 条件收敛　　　　　　　　　　B. 绝对收敛

C. 发散　　　　　　　　　　　　D. 收敛性不能确定

(4) 阿贝尔定理指出：若级数 $\displaystyle\sum_{n=1}^{\infty} a_n x^n$ 在 $x = x_1 (x_1 \neq 0)$ 处收敛，则（   ）.

A. 适合 $|x| < |x_1|$ 的一切 x 都能使级数绝对收敛

B. 适合 $x < x_1$ 的一切 x 都能使级数收敛，但不一定绝对收敛

C. 适合 $x < x_1$ 的一切 x 都能使级数绝对收敛

D. 适合 $|x| < |x_1|$ 的一切 x 都能使级数收敛，但不一定绝对收敛

3. 求下列幂级数的收敛域：

(1) $\displaystyle\sum_{n=1}^{\infty} \left(1 + \frac{1}{2} + \frac{1}{3} + \cdots + \frac{1}{n} \right) x^n.$

(2) $\displaystyle\sum_{n=1}^{\infty} \frac{(x-5)^n}{\sqrt{n}}.$

(3) $\displaystyle\sum_{n=1}^{\infty} \frac{x^n}{a^n + b^n}$，其中 $a > 0, b > 0.$

(4) $\displaystyle\sum_{n=1}^{\infty} \frac{2n-1}{2^n} x^{2n-2}.$

4. 求下列幂级数的收敛域及其和函数:

(1) $\displaystyle\sum_{n=0}^{\infty} \frac{x^{4n+1}}{4n+1}$.

(2) $\displaystyle\sum_{n=1}^{\infty} \frac{x^{n}}{n(n+1)}$.

(3) $\displaystyle\sum_{n=1}^{\infty} n^{2} x^{n}$.

(4) $\displaystyle\sum_{n=1}^{\infty} \frac{x^{n-1}}{n2^{n}}$,并求 $\displaystyle\sum_{n=1}^{\infty} \frac{1}{n2^{n}}$的和.

(5) $\displaystyle\sum_{n=1}^{\infty} \frac{x^{2n-1}}{2n-1}$,并求 $\displaystyle\sum_{n=1}^{\infty} \frac{1}{(2n-1)2^{n}}$的和.

第四节　函数展开成幂级数

1. 将下列函数展开成 x 的幂级数,并求展开式成立的区间:

(1) $\ln(a+x)\,(a>0)$.

(2) a^x.

(3) $\dfrac{x}{\sqrt{1+x^2}}$.

2. 求 $y=\dfrac{1}{4-x}$ 在点 $x_0=2$ 处的幂级数展开式.

3. 将 $y = \dfrac{x}{2-x-x^2}$ 在点 $x_0 = 0$ 处展开成幂级数,并求其收敛域.

4. 将 $y = \dfrac{1}{x}$ 展开成 $x-2$ 的幂级数,并求其收敛域.

第五节　函数的幂级数展开式的应用

1. 利用函数的幂级数展开式求下列各数的近似值.

(1) $\ln 3$(误差不超过 0.000 1).

(2) $\cos 18°$(误差不超过 0.000 1).

(3) $\sqrt[5]{1.1}$(误差不超过 0.000 1).

2. 利用幂级数求 $\lim\limits_{x \to 0} \dfrac{\sin x - \arctan x}{x^3}$.

3. 求 $\displaystyle\int_0^{0.5} \dfrac{1-\cos x}{x^2} \mathrm{d}x$ 的近似值, 误差不超过 0. 000 1.

*第六节　函数项级数的一致收敛性及一致收敛级数的基本性质

1. 利用定义讨论下列级数在所给区间上的一致收敛性.

（1）$\displaystyle\sum_{n=1}^{\infty}(-1)^{n-1}\frac{x^2}{(1+x^2)^n}$，$-\infty<x<+\infty$；

（2）$\displaystyle\sum_{n=0}^{\infty}(1-x)x^n$，$0<x<1$.

2. 证明下列级数在所给区间上的一致收敛性.

（1）$\displaystyle\sum_{n=1}^{\infty}\frac{\cos nx}{2^n}$，$-\infty<x<+\infty$；

（2）$\displaystyle\sum_{n=1}^{\infty}x^2e^{-nx}$，$0\leqslant x<+\infty$.

第七节　傅里叶级数

1. 填空题：

（1）函数 $f(x) = e^{|x|}$ 在区间 $[-\pi, \pi]$ 的傅里叶级数为

_____

_____ .

（2）函数 $f(x) = \begin{cases} x, x \in [-\pi, 0), \\ -x, x \in [0, \pi] \end{cases}$ 展开成傅里叶级数为

_____

_____ .

（3）若函数 $f(x)$ 是周期为 2π 的周期函数，且 $f(x) = \dfrac{a_0}{2} + \sum\limits_{n=1}^{\infty} (a_n \cos nx + b_n \sin nx)$ ，

则 $a_0 =$ _____ $, a_n =$ _____ $, b_n =$ _____ .

2. 选择题：

（1）若 $f(x)$ 是以 2π 为周期的周期函数，它在 $[-\pi, \pi)$ 上的表达式为 $f(x) = |x|$ ，则 $f(x)$ 的傅里叶级数展开式为（　　）.

A. $\dfrac{\pi}{2} - \dfrac{4}{\pi} \sum\limits_{n=1}^{\infty} \dfrac{1}{(2n-1)^2} \cos(2n-1)x$ 　　　　B. $\dfrac{2}{\pi} \sum\limits_{n=1}^{\infty} \dfrac{1}{(2n)^2} \sin 2nx$

C. $\dfrac{4}{\pi} \sum\limits_{n=1}^{\infty} \dfrac{1}{(2n-1)^2} \cos(2n-1)x$ 　　　　D. $\dfrac{1}{\pi} \sum\limits_{n=1}^{\infty} \dfrac{1}{(2n)^2} \cos 2nx$

（2）若 $f(x)$ 是以 2π 为周期的周期函数，它在 $(-\pi, \pi]$ 上的表达式为

$$f(x) = \begin{cases} -1, & -\pi < x \leq 0, \\ 1 + x^2, & 0 < x \leq \pi, \end{cases}$$

则 $f(x)$ 的傅里叶级数在点 $x = \pi$ 处收敛于（　　）.

A. $\dfrac{\pi^2}{2}$ 　　　　　　　　　　　　　B. $-\dfrac{\pi^2}{2}$

C. π^2 　　　　　　　　　　　　　D. $-\pi^2$

3. 下列周期函数 $f(x)$ 的周期为 2π，试将 $f(x)$ 展开成傅里叶级数．

（1）$f(x) = \mathrm{e}^{2x}, x \in [-\pi, \pi)$.

（2）$f(x) = \begin{cases} bx, & x \in [-\pi, 0), \\ ax, & x \in [0, \pi) \end{cases}$ （a, b 为常数，且 $a>0, b>0$）.

4. 将函数 $f(x) = x^2$ 在 $[-\pi, \pi]$ 上展开成傅里叶级数，并求 $\displaystyle\sum_{n=1}^{\infty} \frac{1}{(2n-1)^2}$ 的和．

5. 设周期函数 $f(x)$ 的周期为 2π，试证明 $f(x)$ 的傅里叶系数为

$$a_n = \frac{1}{\pi} \int_0^{2\pi} f(x) \cos nx \mathrm{d}x \, (n = 0, 1, 2, \cdots), \quad b_n = \frac{1}{\pi} \int_0^{2\pi} f(x) \sin nx \mathrm{d}x \, (n = 1, 2, 3, \cdots).$$

6. 将函数 $f(x) = \dfrac{\pi - x}{2} (0 \leqslant x \leqslant \pi)$ 展开成正弦级数.

7. 将函数 $f(x) = \begin{cases} -\dfrac{2}{\pi}x - 2, & -\pi \leqslant x < -\dfrac{\pi}{2}, \\[2mm] \dfrac{2}{\pi}x, & -\dfrac{\pi}{2} \leqslant x \leqslant \dfrac{\pi}{2}, \\[2mm] -\dfrac{2}{\pi}x + 2 & \dfrac{\pi}{2} < x \leqslant \pi \end{cases}$ 展开成傅里叶级数.

第八节　一般周期函数的傅里叶级数

1. 已知 $f(x)$ 在一个周期内的表达式为 $f(x)=\begin{cases} 2x+1, & x\in[-3,0), \\ 1, & x\in[0,3), \end{cases}$ 试将 $f(x)$ 展开成傅里叶级数.

2. 将函数 $f(x)=10-x(5\leqslant x\leqslant 15)$ 展开成以 10 为周期的傅里叶级数.

3. 将 $f(x) = |x|$ 在 $[-l, l]$ 上展开成以 $2l$ 为周期的傅里叶级数.

第十二章综合练习题

1. 填空题:

（1）若 $\sum\limits_{n=0}^{\infty} a_n(x-1)^n$ 在 $x_1=0$ 处收敛,则其收敛半径 R 必不小于_____;若该幂级数在 $x_2=3$ 处发散,则收敛半径 R 必不大于_____.

（2）若幂级数 $\sum\limits_{n=0}^{\infty} a_n(x-2)^n$ 在 $x=-2$ 处收敛,则此幂级数在 $x=5$ 处必然_____收敛.

（3）设级数 $\sum\limits_{n=0}^{\infty} a_n x^n$ 的收敛半径为 3,则级数 $\sum\limits_{n=1}^{\infty} na_n(x-1)^{n+1}$ 的收敛半径为_____.

（4）周期为 2 的周期函数 $f(x)$ 在 $[0,2)$ 上的表达式为

$$f(x)=\begin{cases} |x-1|, & 0\leqslant x<\dfrac{3}{2}, \\ 0, & \dfrac{3}{2}\leqslant x<2, \end{cases}$$

记 $s(x)$ 为 $f(x)$ 的以 2 为周期的傅里叶级数的和函数,则

$s\left(\dfrac{1}{2}\right)=$_____ $,s\left(-\dfrac{1}{2}\right)=$_____ $,s\left(\dfrac{1\,999}{2}\right)=$_____.

（5）函数 $f(x)=|\sin x|$ 的傅里叶级数为_____.

2. 选择题:

（1）若级数 $\sum\limits_{n=1}^{\infty} u_n$ 和 $\sum\limits_{n=1}^{\infty} v_n$ 都发散,则（　　）.

A. $\sum\limits_{n=1}^{\infty}(u_n+v_n)$ 必发散　　　　　　B. $\sum\limits_{n=1}^{\infty} u_n v_n$ 必发散

C. $\sum\limits_{n=1}^{\infty}(|u_n|+|v_n|)$ 必发散　　　　D. $\sum\limits_{n=1}^{\infty}(u_n^2+v_n^2)$ 必发散

（2）下列级数中条件收敛的是（　　）.

A. $\sum\limits_{n=1}^{\infty}(-1)^n\dfrac{n-1}{n+10}$　　　　　　B. $\sum\limits_{n=1}^{\infty}(-1)^n\dfrac{1}{n}$

C. $\sum_{n=1}^{\infty}(-1)^{n}\dfrac{1}{n^{2}}$ $\qquad\qquad$ D. $\sum_{n=1}^{\infty}(-1)^{n}e^{-n}$

（3）设级数 $\sum_{n=0}^{\infty}a_{n}$ 收敛，则必收敛的级数为（　　　）.

A. $\sum_{n=1}^{\infty}(-1)^{n}\dfrac{a_{n}}{n}$ $\qquad\qquad$ B. $\sum_{n=1}^{\infty}a_{n}^{2}$

C. $\sum_{n=1}^{\infty}(a_{2n-1}-a_{2n})$ $\qquad$ D. $\sum_{n=1}^{\infty}(a_{n}+a_{n+1})$

（4）设级数 $\sum_{n=0}^{\infty}(-1)^{n}a_{n}2^{n}$ 收敛，则级数 $\sum_{n=0}^{\infty}a_{n}$（　　　）.

A. 绝对收敛 $\qquad\qquad\qquad\qquad$ B. 条件收敛

C. 发散 $\qquad\qquad\qquad\qquad\qquad$ D. 收敛性不能确定

（5）由函数 $y=x^{2}$ 在 $[-1,1]$ 的傅里叶级数 $\dfrac{1}{3}+\dfrac{4}{\pi^{2}}\sum_{n=1}^{\infty}\dfrac{(-1)^{n}}{n^{2}}\cos\pi x$，可得 $\sum_{n=1}^{\infty}\dfrac{(-1)^{n}}{n^{2}}=$
（　　　）.

A. $-\dfrac{\pi^{2}}{12}$ $\qquad\qquad$ B. $-\dfrac{\pi^{2}}{6}$ $\qquad\qquad$ C. $\dfrac{\pi^{2}}{6}$ $\qquad\qquad$ D. $\dfrac{\pi^{2}}{12}$

3. 判别下列级数的收敛性，若收敛，指出绝对收敛或者条件收敛.

（1）$\sum_{n=1}^{\infty}\dfrac{2n-1}{(\sqrt{2})^{n}}$.

（2）$\sum_{n=1}^{\infty}\dfrac{(n!)^{n}}{n^{n}}$.

（3）$\displaystyle\sum_{n=1}^{\infty}\frac{(-1)^{n+1}}{\sqrt{n^{2k}+1}}$（$k$ 为实数）.

（4）$\displaystyle\sum_{n=1}^{\infty}\frac{1}{n^2}\sin\frac{n\pi}{4}$.

4. 求极限 $\displaystyle\lim_{n\to\infty}\left(\frac{1}{a}+\frac{2}{a^2}+\cdots+\frac{n}{a^n}\right)$，其中 $a>1$.

5. 设幂级数 $\displaystyle\sum_{n=0}^{\infty}a_n x^n$ 和 $\displaystyle\sum_{n=0}^{\infty}b_n x^n$ 的收敛半径分别为 $\dfrac{\sqrt{5}}{3}$ 和 $\dfrac{1}{3}$，求幂级数 $\displaystyle\sum_{n=0}^{\infty}\frac{a_n^2}{b_n^2}x^n$ 的收敛半径.

6. 求 $\displaystyle\sum_{n=1}^{\infty} \frac{1}{2n+1}\left(\frac{x}{3x+1}\right)^{n}$ 的收敛区间 $\left(x \neq \dfrac{1}{3}\right)$.

7. 求 $\displaystyle\sum_{n=0}^{\infty} \frac{2n+1}{n!} x^{2n}$ 的收敛域及其和函数.

8. 将 $f(x) = \ln\left(x + \sqrt{1+x^2}\right)$ 展开成 x 的幂级数.

9. 求幂级数 $\displaystyle\sum_{n=1}^{\infty} (-1)^{n-1} n x^{n-1}$ 在 $(-1,1)$ 内的和函数.

10. 设 $u_n(x) = \mathrm{e}^{-nx} + \dfrac{1}{n(n+1)}x^{n+1}$ $(n=1,2,\cdots)$，求级数 $\displaystyle\sum_{n=1}^{\infty} u_n(x)$ 的收敛域及和函数.

11. 将函数 $f(x) = \begin{cases} 1, & 0 \leqslant x \leqslant h, \\ 0, & h < x \leqslant \pi \end{cases}$ 分别展开成正弦级数和余弦级数.

12. 已知 $\displaystyle\lim_{n \to \infty} n u_n = 0$，级数 $\displaystyle\sum_{n=1}^{\infty}(n+1)(u_{n+1} - u_n)$ 收敛. 试证明 $\displaystyle\sum_{n=1}^{\infty} u_n$ 收敛.

高等数学（下册）模拟试卷一

1. 填空题：

（1）已知两点 $M_1(1,1,-4)$，$M_2(2,0,-2)$，则与向量 $\overrightarrow{M_1M_2}$ 同方向的单位向量为 _____．

（2）已知 $f(x+y,y-x)=x^2-y^2$，则 $f(x,y)=$ _____．

（3）$\lim\limits_{(x,y)\to(4,0)} \dfrac{xy}{\sqrt{xy+2}-\sqrt{2}}=$ _____．

（4）设函数 $f(x,y)=2x^2+ax+xy^2+2y$ 在点 $(1,-1)$ 处取得极值，则常数 $a=$ _____．

（5）设 $z=\mathrm{e}^{x^2y^3}$，则 $\mathrm{d}z=$ _____．

（6）曲线 $x=t-\sin t$，$y=1-\cos t$，$z=4\sin\dfrac{t}{2}$ 在对应 $t=\dfrac{\pi}{2}$ 的点处的法平面方程是 _____．

（7）若 Σ 是平面 $2x+2y+z=2$ 被三个坐标面截下的第 I 卦限的部分，则 $\iint\limits_{\Sigma}(2x+2y+z)\mathrm{d}S=$ _____．

（8）已知平面区域 D 是由直线 $x+y=1$，$x-y=1$ 及 $x=0$ 所围成，则 $\iint\limits_{D}y\mathrm{d}x\mathrm{d}y=$ _____．

（9）设 L 为下半圆周 $y=-\sqrt{4-x^2}$，则对弧长的曲线积分 $\displaystyle\int_{L}\mathrm{e}^{x^2+y^2}\mathrm{d}s=$ _____．

（10）幂级数 $\displaystyle\sum_{n=0}^{\infty}a_n(x+1)^n$ 的收敛域为 $(-4,2)$，则幂级数 $\displaystyle\sum_{n=0}^{\infty}na_n(x-3)^n$ 的收敛区间为_____．

2. 选择题：

（1）设级数 $\displaystyle\sum_{n=1}^{\infty}u_n$ 收敛，则必收敛的级数为（　　　）．

A. $\displaystyle\sum_{n=1}^{\infty}(-1)^n\dfrac{u_n}{\sqrt{n}}$　　　　　　　　　　B. $\displaystyle\sum_{n=1}^{\infty}(u_{2n-1}-u_{2n})$

C. $\displaystyle\sum_{n=1}^{\infty} u_n^2$ D. $\displaystyle\sum_{n=1}^{\infty} (u_n + u_{n+1})$

（2）二次积分 $\displaystyle\int_0^2 \mathrm{d}x \int_0^{x^2} f(x,y)\,\mathrm{d}y$ 的另一种积分次序形式是（　　）.

A. $\displaystyle\int_0^4 \mathrm{d}y \int_{\sqrt{y}}^2 f(x,y)\,\mathrm{d}x$ B. $\displaystyle\int_0^4 \mathrm{d}y \int_0^{\sqrt{y}} f(x,y)\,\mathrm{d}x$

C. $\displaystyle\int_0^4 \mathrm{d}y \int_{x^2}^2 f(x,y)\,\mathrm{d}x$ D. $\displaystyle\int_0^4 \mathrm{d}y \int_2^{\sqrt{y}} f(x,y)\,\mathrm{d}x$

（3）设 $\Omega : x^2 + y^2 + z^2 \leqslant R^2$，则三重积分 $\displaystyle\iiint_{\Omega} (x^2+y^2+z^2)\,\mathrm{d}x\mathrm{d}y\mathrm{d}z$ 在球面坐标系下等于（　　）.

A. $\displaystyle\int_0^{2\pi} \mathrm{d}\theta \int_0^{\pi} \mathrm{d}\varphi \int_0^R R^4 \sin\varphi\,\mathrm{d}r$ B. $\displaystyle\int_0^{2\pi} \mathrm{d}\theta \int_0^{\pi} \mathrm{d}\varphi \int_0^R R^2 r^2 \sin\varphi\,\mathrm{d}r$

C. $\displaystyle\int_0^{2\pi} \mathrm{d}\theta \int_0^{\frac{\pi}{2}} \mathrm{d}\varphi \int_0^R r^4 \sin\varphi\,\mathrm{d}r$ D. $\displaystyle\int_0^{2\pi} \mathrm{d}\theta \int_0^{\pi} \mathrm{d}\varphi \int_0^R r^4 \sin\varphi\,\mathrm{d}r$

（4）设常数 $k>0$，则级数 $\displaystyle\sum_{n=1}^{\infty} (-1)^n \frac{k+n}{n^2}$（　　）.

A. 发散   B. 绝对收敛

C. 条件收敛   D. 收敛或发散与 k 的取值有关

3. 计算题：

（1）证明直线 $L: \begin{cases} 2x+y-1=0, \\ 3x+z-2=0 \end{cases}$ 和平面 $\Pi : x+2y-z=1$ 平行，并求直线 L 到平面 Π 的距离.

（2）设 $z=z(x,y)$ 由方程 $x-az=\varphi(y-bz)$ 所确定，其中 $\varphi(u)$ 有连续导数，a,b 是不全为零的常数，求 $a\dfrac{\partial z}{\partial x} + b\dfrac{\partial z}{\partial y}$.

（3）设平面区域 $D = \{(x,y) \mid 1 \leqslant x^2 + y^2 \leqslant 4, x \geqslant 0, y \geqslant 0\}$，计算 $\iint\limits_{D} \dfrac{x \sin(\pi \sqrt{x^2 + y^2})}{x + y} \mathrm{d}x \mathrm{d}y$.

（4）求幂级数 $\displaystyle\sum_{n=1}^{\infty} \dfrac{n^2 + 1}{n} x^n$ 的收敛域与和函数.

（5）计算积分 $I = \displaystyle\int_{L} (y - 3x^2 y) \sin x^3 \mathrm{d}x + \cos x^3 \mathrm{d}y$，其中 L 为圆周 $x^2 + y^2 = 4$ 的上半部分 $(y \geqslant 0)$，取逆时针方向.

（6）将函数 $f(x) = \dfrac{1}{x^2 + x - 2}$ 展开成 x 的幂级数.

4. 设 Ω 是由曲线 $\begin{cases} y^2 = 2z, \\ x = 0 \end{cases}$ 绕 z 轴旋转一周而成的曲面与平面 $z = 4$ 所围成的闭区域，计算三重积分 $I = \iiint\limits_{\Omega} (x^2 + y^2 + z)\,\mathrm{d}V.$

5. 计算流量 $\varphi = \iint\limits_{\Sigma} 2(1-x^2)\,\mathrm{d}y\mathrm{d}z + 8xy\,\mathrm{d}x\mathrm{d}z + 4x(x-z)\,\mathrm{d}x\mathrm{d}y$，其中 Σ 是旋转抛物面 $z = x^2 + y^2, 0 \leqslant z \leqslant 4$ 的部分取上侧.

6. 求抛物面 $z = 1 + x^2 + y^2$ 的一个切平面，使它与抛物面及圆柱面 $(x-1)^2 + y^2 = 1$ 所围成的立体的体积最小，并求出最小体积.

高等数学（下册）模拟试卷二

1. 填空题：

（1）若 $f(xy, x+y) = x^2 + y^2$，则 $f(x, y) = $ _____.

（2）极限 $\lim\limits_{(x,y)\to(0,0)} \dfrac{1-\sqrt{x^2y+1}}{x^3y^2}\sin(xy) = $ _____.

（3）若函数 $z = 2x^2 + 2y^2 + 3xy + ax + by + c$ 在 $(-2, 3)$ 处取得极小值，则 $ab = $ _____.

（4）函数 $u = x\sin(yz)$ 的全微分为 $\mathrm{d}u = $ _____.

（5）球面 $x^2 + y^2 + z^2 - 6x + 2y = 15$ 在点 $P(3, 3, 3)$ 处的切平面方程为_____.

（6）若 D 是以 $(0,0),(0,1),(1,0)$ 为顶点的三角形区域，则 $\displaystyle\iint\limits_{D}(1-x+y)\,\mathrm{d}x\mathrm{d}y = $

_____.

（7）函数 $f(x) = \dfrac{1}{2-x}$ 展开为 x 的幂级数的形式为_____.

（8）球面 $x^2 + y^2 + z^2 = 4$ 与平面 $x + z = 1$ 的交线在 yOz 面上的投影曲线方程为_____.

（9）周期为 2π 的函数 $f(x)$ 在一个周期上的表达式为 $f(x) = \begin{cases} -1, & -\pi \leqslant x < 0, \\ x^2 + 1, & 0 \leqslant x < \pi, \end{cases}$ 则 $f(x)$ 的傅里叶级数的和函数在 $x = 0$ 处的值为_____.

（10）若级数 $\displaystyle\sum_{n=1}^{\infty}(u_n + 1)$ 收敛，则 $\lim\limits_{n\to\infty} u_n = $ _____.

2. 计算题：

（1）求过点 $(1, 0, -2)$ 及直线 $\dfrac{x+3}{1} = \dfrac{y-1}{3} = \dfrac{z-2}{4}$ 的平面方程.

（2）求函数 $u=x^2-y^2$ 在点$(1,1)$沿与 x 轴正向成 $60°$ 角的方向的方向导数.

（3）设 $z=f(xy^2,x^2y)$，其中 f 具有二阶连续偏导数，求$\dfrac{\partial^2 z}{\partial x^2}$.

（4）计算曲线积分$\oint_L x^2(y+1)\,\mathrm{d}x-xy^2\,\mathrm{d}y$，其中 L 是圆周 $x^2+y^2=1$，取逆时针方向.

（5）利用拉格朗日乘数法求椭圆$\begin{cases} x^2+y^2=1, \\ x+y+z=1 \end{cases}$的长半轴与短半轴.

（6）一立体由曲面 $x^2+y^2=az$ 与 $z=2a-\sqrt{x^2+y^2}$（$a>0$）所围成，试求该立体的表面积.

（7）求幂级数 $\displaystyle\sum_{n=1}^{\infty}\frac{(x-1)^n}{n2^n}$ 的收敛半径与收敛域，并求出它在收敛域内的和函数.

3. 设 Σ 是由曲线 $\begin{cases}z=y^2,\\x=0\end{cases}$（$0\leqslant z\leqslant 2$）绕 z 轴旋转而成的曲面.

（1）写出 Σ 的方程；

（2）计算 $\displaystyle\iint\limits_{\Sigma}4(1-y^2)\,\mathrm{d}z\mathrm{d}x+z(8y+1)\,\mathrm{d}x\mathrm{d}y$，其中 Σ 取下侧.

4. 证明 $(\sin y-y\sin x)\mathrm{d}x+(x\cos y+\cos x)\mathrm{d}y$ 为某二元函数 $f(x,y)$ 的全微分,并求 $f(x,y)$,计算 $\displaystyle\int_{(0,1)}^{(1,0)}(\sin y-y\sin x)\mathrm{d}x+(x\cos y+\cos x)\mathrm{d}y$.

5. 设 $\displaystyle\sum_{n=1}^{\infty}b_n$ 是收敛的正项级数,且 $\displaystyle\sum_{n=1}^{\infty}(a_n-a_{n+1})$ 收敛. 试讨论 $\displaystyle\sum_{n=1}^{\infty}a_nb_n$ 的收敛性.

6. 设 Ω 是空间闭区域,S 是 Ω 的边界曲面,函数 $u(x,y,z)$ 与 $v(x,y,z)$ 在 Ω 上具有连续的二阶偏导数,试证明:

$$\iiint\limits_{\Omega}u\Delta v\mathrm{d}x\mathrm{d}y\mathrm{d}z=\oiint\limits_{S}u\frac{\partial v}{\partial n}\mathrm{d}S-\iiint\limits_{\Omega}(\mathbf{grad}\ u)\cdot(\mathbf{grad}\ v)\mathrm{d}x\mathrm{d}y\mathrm{d}z,$$

其中 $\Delta v=\dfrac{\partial^2 v}{\partial x^2}+\dfrac{\partial^2 v}{\partial y^2}+\dfrac{\partial^2 v}{\partial z^2}$,$\dfrac{\partial v}{\partial n}$ 表示 v 对 S 的外法线方向的方向导数.

郑重声明

高等教育出版社依法对本书享有专有出版权。任何未经许可的复制、销售行为均违反《中华人民共和国著作权法》，其行为人将承担相应的民事责任和行政责任；构成犯罪的，将被依法追究刑事责任。为了维护市场秩序，保护读者的合法权益，避免读者误用盗版书造成不良后果，我社将配合行政执法部门和司法机关对违法犯罪的单位和个人进行严厉打击。社会各界人士如发现上述侵权行为，希望及时举报，我社将奖励举报有功人员。

反盗版举报电话　（010）58581999　58582371
反盗版举报邮箱　dd@ hep.com.cn
通信地址　北京市西城区德外大街4号　高等教育出版社法律事务部
邮政编码　100120

读者意见反馈

为收集对教材的意见建议，进一步完善教材编写并做好服务工作，读者可将对本教材的意见建议通过如下渠道反馈至我社。

咨询电话　400-810-0598
反馈邮箱　hepsci@ pub.hep.cn
通信地址　北京市朝阳区惠新东街4号富盛大厦1座
　　　　　高等教育出版社理科事业部
邮政编码　100029

防伪查询说明

用户购书后刮开封底防伪涂层，使用手机微信等软件扫描二维码，会跳转至防伪查询网页，获得所购图书详细信息。

防伪客服电话
（010）58582300